TASSO FRANCO

A Cadeira e o Algoritmo, Onde vamos parar?
A convivência entre as novas e as velhas tecnologias

Ojuobá
Salvador - 2022

Copyright 2022, Tasso Paes Franco
Direitos cedidos para esta edição à
Ojuobá Projetos de Comunicação LTDA
Rua Alceu Amoroso Lima, 314 s. 307
Caminho das Árvores - Salvador - BA
CEP 41.820.770 Fone 71.33411886
E-mail: ojuobaltda@ig.com.br

Desing gráfico, editoração e Capa:
Tasso Filho e Vitória Giovanini
Revisão: Ohra Grece

Tasso Paes Franco
A Cadeira e o Algoritmo, onde vamos parar? - A convivência entre as novas e as velhas tecnologias - Salvador - Bahia - 2022

Todos os Direitos Reservados. A produção não autorizada desta publicação, por quaisquer meios, seja ela total ou parcial constitui violação da Lei n° 5.988

Dedicado ao sapiens criativo

Sumário

A VIDA DOS HOMENS COMUNS 8

O SENTIDO DA VIDA 12

AS MORTES DA ESCRITA COM PENA DE GANSO E DA MÁQUINA DE DATILOGRAFIA 16

OS 5 MIL ANOS DA BOLA NO ESPORTE 21

A ENCICLOPÉDIA CEREBRAL E AS NOVAS GAVETINHAS 25

A CADEIRA, O ALGORITMO E A FILOSOFIA DE SÓCRATES 30

A MÚSICA DO TAMBOR AO ELETRÔNICO É POESIA E AMOR 35

OS TRÊS SISTEMAS DE CÁLCULOS NA PRÁTICA DA VIDA 40

A VIDA PELA INTUIÇÃO E RESPEITO À CIÊNCIA 45

O CASAMENTO DA FOLHINHA DE MESA COM O COMPUTADOR 49

QUEM SABE MAIS: O HOMEM OU O ALGORITMO? 53

ANTI-FRÁGIL, UM LIVRO QUE AJUDA A PENSAR 59

O JEEP WILLYS DE MEU PAI E OS PADRÕES QUÁDRUPLOS 62

A TEORIA DE DARWIN CRIA O HOMUANISMO E PÕE FIM AO SAPIENS DIVINO 66

A CIDADE DE LISBOA, ONDE CONVIVEM O NOVO E O VELHO EM HARMONIA 70

FIM DO DINHEIRO VIVO E A ERA CARTÕES, PIX E CELULARES 76

AS PRIMEIRAS MOEDAS QUE CIRCULARAM NO BRASIL 82

O TREM MARIA FUMAÇA E O HYPERLOOP A 1.000KM POR HORA 87

O MARKETING POLÍTICO NA ERA DIGITAL, O QUE MUDOU AO LONGO DO TEMPO 92

COMO O BRASIL PERDEU O BONDE DA HISTÓRIA EM TECNOLOGIA 100

AS RELAÇÕES DE CONSUMO E A INTERNET: COMO IR ÀS COMPRAS 108

UCRÂNIA É VENCEDORA DA GUERRA NA WEB2 E CONQUISTA OPNIÃO PÚBLICA MUNDIAL 114

COMO SOBREVIVE A IMPRENSA NA UCRÂNIA EM GUERRA 120

AS MUDANÇAS DO CLIMA E O AVANÇO DA ECO-ANSIEDADE 127

A GERAÇÃO "BABY BOOMERS" PÓS II GUERRA CHEGA AOS 77 ANOS 133

EMPRESAS BANCAM CONGELAMENTO DE ÓVULOS E MULHERES ADIAM ENGRAVIDAR 141

AS BONECAS INFLÁVEIS E O NOVO MUNDO ERÓTICO 148

O COPO NA VIDA DO HOMEM E O CÁLICE USADO POR JESUS CRISTO 154

TURISMO ESPACIAL É A NOVA MANIA DOS RICOS COM AVANÇO DAS HIGH TECH 160

A DEMOCRATIZAÇÃO DAS NOVAS TECNOLOGIAS 165

Capítulo 1

A VIDA DOS HOMENS COMUNS

Espelho-me na frase do cronista Nelson Rodrigues: - A vida como ela é.

Nelson produziu dezenas de outras frases sobre a vida cotidiana, mas a que mais aprecio é esta por sua leveza e profundidade. Traduz – assim penso - o modo de vida das pessoas comuns sob a guarda da mãe natureza.

O que poderíamos chamar de espírito original compatível com as teorias de Auguste Comte e de François-Marie Arouet (Voltaire). O homo simples compõe a maioria das populações brasileira e mundial, cada qual dentro dos seus níveis sócio ambientais e culturais: o Zé aqui, o Xing na China, o John no Reino Unido, o Giovani na Itália, o Ramon na Espanha. O que popularmente chamamos de povo.

Não há comparativos, nem assim devemos analisá-lo. O homo Bahia comum se parece com o homo Pequim comum e têm hábitos assemelhados, porém, são distintos no plano cultural. Praticam construtos individuais distintos, o que George Kelly classifica como a prática de significados internos diferenciados. Modos de vidas assemelhados, porém, não iguais.

Como este livro trata da cadeira e do algoritmo, tecnologias distintas e harmônicas – dois mundos aparentemente discrepantes - consideramos como fulcro, ponto essencial, esse homo comum global. Afinal, eu escrevo este livro sentado numa cadeira; e um colega chinês também está – por similaridade- escrevendo um livro sentado numa cadeira.

É a regra geral. O poeta e ensaísta português Fernando Pessoa escrevia em pé. Era a exceção. Mas, no seu ofício diário de escriturário em Lisboa sentava-se numa cadeira. Na época de Pessoa, não havia internet (algoritmos) e, obviamente, computadores. Pessoa escrevia a lápis. Era um excêntrico. Nem tanto! Era a melhor tecnologia para correção de palavras isoladas e textos. E o lápis – como a cadeira – ainda hoje sobrevive e se tornou contemporâneo do algoritmo.

É por isso que enfatizo: a vida é simples; as teorias é que são complexas. O homem comum não as segue, nem as conhece. Então, como é capaz de viver com felicidade sem esses saberes e desafios da alta eficácia? Por intuição, conseguindo o mais com o menos. Esse é o segredo, sem recorrer aos citados na inicial desse texto – Comte, Voltaire e Kelly, os quais nem conhece.

O sábio é conviver com a natureza, a vida como ela se apresenta. Nem todo mundo pode morar em Paris. Por isso mesmo, contrariar a mãe natureza é grave. Muitas vezes, o aperfeiçoamento do "humanos corpori fabrica" de Vesálio - mexer inadequadamente na estrutura física do corpo humano - conduz a morte quando procedimentos estéticos são mal feitos.

Com frequência vemos isso no Brasil com jovens que vão parar na tumba diante de cirurgias deformatórias dos seus corpos. Assistimos também nos dias atuais uma corrida desenfreada em busca de mudanças no corpo e na mente das pessoas. E isso existe? Alguém já fotografou a mente? Pare, pois, sente numa cadeira e reflita.

Diz-me um letrado: "Precisamos evoluir e isso sempre existiu desde a época dos alquimistas e da busca pela pedra filosofal".

Cleópatra, a deusa do Egito que encantou Júlio César e incendiou a mente de Marco Antônio se perfumava com banhos de ervas e amaciava a pele com óleos os mais refinados. Teria cometido o suicídio quando Otaviano conquistou Alexandria, isso 30 a.C. Então, de que adiantaram esses banhos?

Ao escrever este livro busco explicar o significado da vida. Nem sei se tem muito significado prévio ou se as coisas vão ocorrendo sem que você perceba essa dimensão e de repente acontecem. Ou se a palavra correta seja relacionada a valor, a importância, ou mesmo a significação – representação mental. É admissível que sim ou uma variante mais amena para compreensão.

Kelly estabeleceu em sua teoria cognitiva que os processos psicológicos funcionam de maneira que possamos antecipar aquilo que vai acontecer no futuro. Que vivemos num mundo previsível e podemos planejar as ações.

Quando se chega a velhice - meu caso - a gente eventualmente passa a régua em alguns acontecimentos e percebe que muito do que você estudou, planejou, queimou suas pestanas, alisou a 'la bout' nos bancos escolares e na academia, não têm o menor sentido prático para a vida cotidiana.

Não só o que estudou, porém, também o que praticou. Eu conheço uma mulher que já fez vários regimes de emagrecimento todos sem sucessos relevantes. Em compensação, perdeu muito tempo e dinheiro tentando moldar seu corpo a uma estética funcional de época. Uma vez perguntei a ela porque tanto esforço se a achava bela, não só eu, mas várias pessoas. Ela respondeu: - Mas eu não me acho.

Hoje, vive-se na era da tecnologia de ponta, inteligência artificial, robótica e outras inovações como se fossem coisas simples, uma água de Colônia. E acha-se que tudo se pode fazer quando a realidade demonstra que não é bem assim, tanto na estética; quanto na ética.

Trata-se, no entanto, de um mundo assustador para aqueles que estão na disputa por um mercado de trabalho. Eu, que já estou fora dele (mas, ainda sigo trabalhando como jornalista e escritor) vou acompanhando o que posso e filosofando.

Uma das coisas mais difíceis que existem é exatamente traçar o caminho da vida. Não há uma linha reta que se possa seguir. Minha neta, que é jovem, tem apenas 16 anos e já diz que a vida é feita de "altos e baixos"; imagina eu que tenho 76 e já experimentei esses altos e baixos o que poderia dizer.

Digo, não seguindo ao pé da letra a música do Zeca Pagodinho, "deixa a vida me levar; vida leva eu". Para o homem comum – sem maiores ambições – a vida é mesmo como ela é. Cada indivíduo tem uma visão do mundo, do seu mundo. Há similaridade, padrões e construções idênticas uns aos outros, porém cada qual no seu espaço.

Ninguém é mais feliz do que outro; cada qual no seu quadrado. É isso que a "Cadeira e o Algoritmo" vai mostrar.

Capítulo 2

O SENTIDO DA VIDA

Vamos por parte para maior compreensão deste livro. O homem comum – a maioria da população mundial, respeitando-se as diferenças culturais – é diferenciado do homem intelectual, do homem de negócios, do homem político-poder, do homem jurídico e do mais refinado que, comumente, chamamos de ricos.

Ouço, com frequência, uma questão nas minhas rodas de conversas do homem comum aquele que conquista e adquire o mais com o menos, prático, objetivo, se a duração do tempo de vida de cada pessoa – no normal, até a velhice – é curta.

Há uma frase, corriqueira nesse meio que diz o seguinte: "A vida é curta, portanto, tempos que aproveitá-la" Outros, mais filósofos populares, comentam quando estão diante de um falecido ainda em meia idade: "É por isso que curto a vida a cada instante".

São tantos os dizeres populares que encheria esta página e não valeria a pena citá-los a larga. Esses exemplos acima dão para entender do tema.

Na filosofia estoica – ética na rigidez de princípios morais - Lúcio Sêneca (4 a.c) cunhou a interpretação "vocês agem como mortais em tudo o que temem e como imortais em tudo que desejam" no prolongamento da interpretação do pensamento aristotélico "a vida é curta, a arte é longa"?

O estoicismo foi uma escola de filosofia helenística fundada na Grécia, em Atenas, por Zenão de Cítio no início do século III a.c como um modo de vida: a melhor indicação da filosofia de um indivíduo não era o que uma pessoa diz, mas como essa pessoa se comporta. Para viver uma boa vida, era preciso entender as regras da ordem natural.

Sêneca, por posto, estabeleceu que não é que tenhamos pouco tempo de vida, mas desperdiçamos muito dela. "A vida é longa o suficiente e uma quantia bastante generosa nos foi dada para as maiores realizações se tudo fosse bem empregado".

Ou seja, agir como mortal em tudo que se pode temer - a calúnia, a difamação, o adultério, a morte - é uma coisa; e imortais em tudo que desejam - a luxúria, o uso da escravidão em benefício próprio, a riqueza, a mulher alheia - é distinto.

Deveria, assim sendo, ao menos ter uma interpretação final agradável já que todos somos mortais e influenciados pela natureza.

Em "Sobre a Vida e a Morte" Sêneca analisa a busca da felicidade e o conceito de natureza aplicada ao ser humano, considerações morais próprias do estoicismo. Sêneca foi condenado ao suicídio por conspirações contra o imperador Nero e morreu aos cortar os pulsos aos 68 anos de idade

Ocupava-se da forma correta de viver a vida (ou seja, da ética), da física e da lógica. Via o estoicismo como a maior virtude, o que lhe permitiu praticar a imperturbabilidade da alma, denominada ataraxia (termo utilizado a primeira vez por Demócrito em 400 a.C.

Sêneca via, no cumprimento do dever, um serviço à humanidade. Procurava aplicar a sua filosofia à prática. Deste modo, apesar de ser rico, vivia modestamente: bebia apenas água, comia pouco, dormia sobre um colchão duro.

Não viu nenhuma contradição entre a sua filosofia estoica e a sua riqueza material: dizia que o sábio não estava obrigado à pobreza, desde que o seu dinheiro tivesse sido ganho de forma honesta.

Em conversa com Serenus - um dos seus grandes amigos - sobre a tranquilidade da mente disse: "Quando olhei para dentro de mim, Sêneca, alguns vícios apareceram claramente na superfície, de modo que pude colocar minha mão sobre eles; alguns estavam mais escondidos na profundezas, alguns não estavam lá o tempo todo, mas voltam em intervalos. Eu diria que esses últimos são os mais problemáticos. Eles são como inimigos rondando que se lançam sobre você quando a ocasião se apresenta e não permitem que você esteja pronto como na guerra, nem à vontade como na paz".

O filósofo conceituava que o maior obstáculo à vida é a expectativa, que depende do amanhã e desperdiça o hoje. Você está discutindo o que está sob o controle do destino e abandonando o que está sob o seu controle. O que você está observando? Para qual objetivo você está se esforçando? Todo o futuro está envolto na incerteza: viva imediatamente".

Então, por que nós, em pleno século XXI ficamos ainda nos dias atuais analisando esses princípios filosóficos de Sêneca, Aristóteles, Platão e outros gregos da antiguidade?

Ora, porque a vida do homem comum é eticamente estabelecida dentro desses princípios básicos cujas pessoas sequer já leram os pensadores gregos.

E como conseguiram captar esses ensinamentos ao longo dos séculos, com culturas tão diferenciadas?

Porque há uma filosofia da vida, instintiva, difundida pela oralidade e cada qual vai pautando sua existência dentro do possível, do simples, do realizável.

De que adianta Zé conhecer os ensinamentos de Aristóteles ou mais recentemente os de Jean Piaget ou as teorias de formação do inconsciente de Jaques Lacan? Absolutamente nada.

Minha mãe, nascida no interior da Bahia, em 1927, nunca lera Piaget e praticava métodos piagentinos na fase sensorial e motora (0 1 2 anos) dos seus 4 filhos.

Mas, como isso foi possível? Como ela somente no olhar e no gesto do dedo de não-não, dizendo poucas palavras, impedia nossos impulsos de descer os degraus da escada do chalé onde morávamos? Na intuição, na hereditariedade ensinada por seus pais.

Para o homem comum – assim penso – a vida é longa, sem mistérios, sem muitas teorias filosóficas, antropológicas, sociológicas e psicológicas a estudar e a seguir,

E muitos entregam seu destino final a Deus. Morreu? Que os espíritos sejam afugentados com flechas ao ar como faziam os antigos indígenas norte-americanos, ou cultuando as caveiras como fazem os mexicanos, até os dias atuais.

O homem comum está inserido no contexto das novas tecnologias sentado em sua cadeira de espaldar. E vai se adaptando a ela como pode, sem temor, e ainda usando fogão de lenha.

Capítulo 3

AS MORTES DA ESCRITA COM PENA DE GANSO E DA MÁQUINA DE DATILOGRAFIA

Trabalhei 25 anos batendo máquinas de escrever (1968/1993), equipamento que substituiu a caneta tinteiro nas redações dos jornais brasileiros – depois dos anos 1920. A partir de 1993 até os dias atuais trabalho usando computadores de mesa, laptop e iphone.

Esse é um exemplo claro de como as novas tecnologias substituem as velhas, mata-as - não de todo - deixando alguns vestígios e métodos que seguimos até hoje. A escrita data de 3.000 a.C entre os sumérios com aperfeiçoamento na China, 1.500 a.C. O uso da pena de ganso e outros para escrever – corvo, peru, águia, etc – chegou ao Ocidente no século V e durou até século XIX;

O modelo pena de ganso – o mais popular - prosperou com os monges copistas europeus do século XII e não há mais sinais dele, salvo nos registros de livros de bibliotecas e museus. Os monges também usavam estiletes nos 'scriptoriuns' – ou lugares da escrita.

As máquinas de escrever, idem. Desapareceram do mapa e viraram peças de museus e objetos de decoração.

Vemos cenas em alguns filmes que relatam fatos históricos da idade média, na Europa, como essas penas eram usadas em pergaminhos curtidos de peles de carneiro. O papel, no entanto, já existia desde 105 d.C. – invenção dos chineses – levado para a Europa pelos árabes durante invasão na Península Ibérica.

Os copistas – monges e freiras – que trabalhavam em pergaminho passaram a usar o papel – avanço tecnológico significativo – e as penas de aves foram usadas até o século XIX. Havia um rico comércio de penas em todo o mundo. Entre 1800 e 1830, São Petersburgo, na Rússia, enviou 27 milhões de penas por ano para a Inglaterra.

Observe, portanto, como as mudanças tecnológicas eram lentas. Entre o advento da escrita e as penas de aves alimentadas com tintas foram milhares de anos; e, ao menos, 700 anos só com o uso das penas de aves (ganso em especial) até que surgiu uma caneta tinteiro metálica no final do século XVIII.

Essa caneta metálica foi se aperfeiçoando e é usada até os dias atuais, recarregável. Mas, desde os anos 1920 – no Brasil – as redações dos jornais não mais as usavam, salvo exceções. Há caso, de uso até os anos 1930, da caneta metálica a tinteiro em redações jornalísticas.

As máquinas de escrever (datilografia) nasceram no século XIX quando Christopher Latham Sholes desenvolveu a ideia que serviu de fundamento à indústria. Trabalhando com um grupo de amigos numa oficina em Milwaukee, EUA, Sholes criou uma máquina que foi apresentada aos fabricantes de armas da Remington & Sons.

Veja que essa máquina não nasceu em nenhuma universidade povoada por 'sábios' e doutores. As primeiras máquinas começaram a ser fabricadas em 1874 pela Remington e pareciam com as máquinas de cozer.

Mas era o que havia de mais moderno em tecnologia da escrita. Imaginem vocês que, em 1940, a cidade em que nasci no sertão da Bahia – nos confins do mundo – já tinha uma Escola de Datilografia Remington, administrada por uma mulher.

Como essa senhora – empreendedora nata – conseguiu isso apenas 66 anos depois de inventada essa máquina? Graças às exigências do mercado e das novas tecnologias da época. E, na história, foram as mulheres – em sua maioria – que operavam essas máquinas nos EUA e abriu o mercado de trabalho para elas no Ocidente.

Observe, então, a convivência do novo com o velho: Sholes foi o responsável pelo teclado QWERTY. O nome foi dado porque essa é a sequência das primeiras letras da fileira de cima do teclado. Ora, Sholes falava e escrevia em inglês. Então, por que será que teclado QWERTY continua presente até hoje nos computadores mundiais?

Fui aluno da Escola Remington de Serrinha, em 1957, escrevendo em português, mas usando o teclado de Sholes.

Falo do teclado porque essa foi a grande dúvida dos construtores iniciais da máquina de escrever. O sistema QWERTY (repare a sequência no teclado de seu computador), tem abaixo a série ASDFG, supostamente as letras, então, mais usadas no idioma inglês, o mais popular no Brasil (ASDFG), dedos da mão esquerda - tecla do meio.

Lembro bem: a minha professora dizia: bata o A com o dedo mindinho; o S com o anular; o D com o maior de todos; o F com o fura bolo; e o G também com o fura bolo e você vai ficar craque.

O fato é que enfiaram o QWERTY na gente de tal jeito – isso mundialmente, no Ocidente - que o teclado do computador (criado um século após) não teve como fugir da regra Sholes e ainda hoje utiliza esse modelo.

Três máquinas de escrever adquiridas pelo Jornal do Brasil foram as pioneiras nas redações dos jornais brasileiros - década de 1910. O uso de máquinas de escrever na redação do JB fazia parte das reformas implementadas pelo jornal desde o aporte de capital do Conde Pereira Carneiro que já era sócio (minoritário) quando da inauguração da nova sede.

Foi também num contexto semelhante, de uma reforma estrutural, que a Folha de São Paulo adquiriu, em 1983, os primeiros computadores para substituir as máquinas de escrever.

O objetivo era o mesmo - compatibilizar os processos de pré-impressão - tanto que uma vez consolidada a mudança, alguns anos depois, a Folha calculava em 40 minutos o ganho de tempo. E tempo já era moeda calculada pelo Departamento Industrial e a Expedição.

Para os jornalistas o computador continuou a ser uma máquina de escrever, só que mais evoluída e com o mágico recurso da correção e substituição de textos. As redações tornaram-se mais silenciosas e ficaram mais limpas, sem o característico amontoado de papel amassado no chão e nas lixeiras.

O teclado que aprendi na Escola de Datilografia na década de 1950 é o mesmo asdfg (mão esquerda) e hjklç~ (mão direita) na tecla do meio. Curioso é que isso não mudou mesmo com o advento do computador. Deveria ter mudado? Creio que sim (ou não).

As novas tecnologias poderiam ter inventado algo diferenciado. Mas, não. Como já trabalho nesse sistema há 50 anos bato as teclas rapidamente. Isso significa dizer que as novas tecnologias vivem grudadas nas antigas, caminham juntas. Até de olhos fechados.

E agora, o que vai acontecer? Ora, já está acontecendo. Hoje, você fala no iphone (ditado clicando numa tecla com ícone de um microfone) e o que você fala sai escrito. Ou seja, essa nova tecnologia poderá sepultar mais adiante o computador de mesa em alguns procedimentos de redação. Ou melhor, já sepultou. Posso gravar um texto e depois enviar à redação sem usar o teclado.

Existe também um teclado holográfico que reproduz a imagem de um teclado físico do computador em qualquer superfície plana e você trabalha numa boa. Esse teclado virtual laser sem uso de fios custa no Brasil algo em torno de R$250,00.

Observe, portanto, que o uso das novas tecnologias da computação é ilimitado e a tendência é usar a fala – e o olhar – para realizar alguns procedimentos. O iphone – por exemplo – você não precisa mais clicar um código para abrir a tela. Ele lê a sua face – imagem – e abre a tela, automaticamente.

Façamos uma continha rápida: do advento da escrita ao uso da pena de aves e pincéis passaram-se milhares de anos; da pena de ganso à caneta metálica tinteiro 700 anos; da metálica tinteiro a autocarregável 70 anos; da autocarregável a máquina da datilografia 50 anos; da máquina datilografia ao computador de mesa 116 anos; do computador de mesa ao latp e iphone 20 anos.

Veja, no entanto, que a caneta resiste: temos, na atualidade, a esferográfica, a gel, a rollerball, a tinteiro, a marcador, a holográfica. E existem as canetas digitais e mesas digitalizadoras para arquitetos e desenhistas. E, mirem: são parecidas (os modelos) como as penas dos gansos. Ou seja, a convivência das novas e velhas tecnologias não se desgrudam de vez.

A tendência é o computador de mesa no estilo dos anos 2000 desaparecer do cenário dando lugar a equipamentos mais modernos e com o uso da fala. O que não vai mudar é que você vai seguir usando uma cadeira e uma mesa para trabalhar, assim como faziam Júlio César e Pôncio Pilatos.

CAPÍTULO 4

OS 5 MIL ANOS DA BOLA NO ESPORTE

Quando eu era menino minha brincadeira preferida era jogar futebol. A gente chamava jogar bola. A bola era de borracha. Também usávamos bolas de bexiga de boi recoberta com linhas ensebadas, bolas de panos e de couro. As bolas de borracha eram as preferidas por serem as mais baratas, porém as mais frágeis. Quando batiam numa pedra pontiaguda ou num prego furavam. Acabava o jogo que, na Bahia, tem o nome de 'baba'.

Não sei quem inventou esse nome. A expressão usada até os dias atuais ainda é: "Bater um baba" o que significa jogar bola com os pés (futebol) ou pelada como se fala no Brasil noutros estados.

Há várias explicações sobre a etimologia popular de baba, a mais aceita deriva do verbo babar. Há quem afirme, no entanto, que os escravos africanos e seus descentes na colônia portuguesa da Bahia não tinham como ter as bolas oficiais inglesas. Então, pegavam bexigas de boi com crina de cavalo dentro e faziam suas bolas. O nome baba viria daí, o que não nos parece condizente.

O mais sensato é aceitar que se deriva do fato de que as antigas bolas de couro - quando molhadas - ficavam escorregadias, gosmentas - parecendo baba de quiabo. Lembro que em minha cidade tinha um sapateiro chamado Albertão - campeão pelo Botafogo na Bahia, em 1949 - que as consertava.

Quando o couro da bola estava liso ele dizia: - Essa bola não tem mais conserto. Se molhar vai ficar babenta e fura até no bico da chuteira.

A gente falava: - Sêo Alberto dá um jeito que é a única bola que temos em couro.

- Só uma nova meu filho - respondia fechando o papo.

Jogar bola com os pés e mãos no estilo futebol, mas ainda sem este nome era praticado na China e no Japão, há 5 mil anos.

Os especialistas dizem que o mais remoto ancestral do futebol moderno no Oriente seja o tsu chu, jogado na China pelo menos desde o século IV a.C. O governante Fu-Hi teria inventado a bola. Fazia parte do treinamento militar e tornou-se popular. Na dinastia Han, o imperador Wudi (156 a.C. – 87 a.C.) ordenou a mudança de todos os melhores jogadores para a capital do império.

Cerca de 500 ou 600 anos mais tarde, em território japonês, surgiria o kemari, um jogo disputado num campo redondo. Há indícios de que, em algum momento da história antiga, um grupo de jogadores desse esporte foi à China para um desafio contra praticantes de tsu chu.

No Ocidente, a forma mais primitiva de futebol que se conhece é o episkyros, praticado na Grécia a partir de 800 a.C.

De forma oficial, quem inventou o futebol foram os ingleses, em 1863, ano em que foi fundada a Football Association, em Londres, quando se iniciou a profissionalização do esporte no planeta. A expressão futebol deriva de 'foot' (pé) e 'ball' – bola. Juntou, deu liga, futebol. No Brasil surgiram as ligas de futebol no Ocidente, inclusive no Brasil.

Na América pré-hispânica existia a prática de um jogo chamado Tlachti jogado em campo com formato de T ou de I, com dois aros dispostos nas laterais da cancha e disputado por cinco jogadores de cada lado. Meter a bola no aro do adversário - seria o objetivo. A bola era feita de látex e os atletas só podiam golpeá-la com os joelhos, o cotovelo ou parte do dorso.

O Tlachti - mistura de basquete com futebol praticada pelos povos que habitavam a Mesoamérica - era também conhecido como Ullamaliztle ou Pok ta Pok. Isso há 3.000 a.C.

Eu visitei um campo da prática de Tlachti, em 2014, México, Chichén Itzá - área tolteca maya que significa na "boca do poço dos bruxos da água ou pessoas que vivem a beira d'água" porque neste local, muito seco, com temperaturas superiores a 42 graus centígrados, os mayas sacrificavam jovens virgens de 15 anos, assim que menstruassem, para satisfazer os deuses.

Os mayas colocavam as jovens - grupo de 5 a 10 delas - numa sauna durante todo o dia e quando elas estavam mareadas, já quase a perder os sentidos, as jogavam num poço d'água subterrâneo de uma altura de oito metros. No outro dia, verificavam se os corpos estavam boiano. Se isso acontecesse, os deuses estavam satisfeitos e viria chuva para o local. Se não, novas jovens eram sacrificadas.

O lugar é de uma aridez muito intensa, parece o sertão da Bahia até na vegetação tipo caatinga. Em toda Peninsula de Yucatan devido a meteorito que caiu no lugar há 60 milhões de anos os rios são subterrâneos e os poços são chamados de cenotes donde se retiram a água e, alguns deles, hoje, são centros de turismo. Alguns desses cenotes ficam a uma profundidade de 15 metros.

Encontra-se neste sitio no Estado de Yucatan, o maior campo de Tlatchi (futebol praticado com os joelhos e os cotovelos com bola de pedra) com 95 metros de cumprimento ladeados por duas plataformas de muros. Neste campo, os mayas praticavam o Tlachai e quem conseguisse acertar a bola em dois anéis que se situavam nas laterais do campo eram executados, o que representava uma honra. Outros estudiosos da matéria dizem que, quem perdia o jogo, é que era sacrificado.

A tecnologia de fabricar bolas mudou muito ao longo do último século desde que os ingleses inventaram as regras do futebol.

Hoje, tem bolas de todo tamanho, tipos e preços bem mais baratos. Observem, no entanto, que a bola, em si, não se modificou e continua redonda. Ninguém joga futebol com uma bola triangular. Inventaram outro tipo de quase futebol - o norte-americano - que a bola é oval. Tudo bem. Mas, o nosso futebol que é derivado do Chu Zu e o Pat Pt a bola é redonda.

A bola - o formato esférico - data de 30.000 anos. Em desenhos encontrados em cavernas, há esferas de pedra do tamanho de uma cabeça de boi. Provavelmente eram usadas como arma de caça e defesa, sendo arremessadas.

A bola surge, portanto, na época do homem caçador-coletor e certamente é derivada dos frutos da natureza - ouricuris, cocos, amêndoas, uvas, limões, laranjas, etc - que serviam de alimentos e quando caiam no chão rolavam. Daí o homem observando essa rolagem utilizava pedras roliças, esferas, para abater animais. Na época de Cristo, na lei do talião, havia o castigo de executar os infiéis com pedradas.

Da forma esférica, arredonda, surgiu a roda, um dos objetos mais antigos da humanidade, usada até os dias atuais. A bola é derivada desse conceito da natureza e da criatividade do homem para transformá-la num objeto de lazer. Hoje, nos esportes, a bola é usada nos mais populares do mundo: futebol, basquete, vôlei; nos esportes da elite - golfe, polo equestre e aquático, tênis - de quadra e mesa; handebol e outros.

As tecnologias e os formatos das bolas se modificaram ao longo do último século e joga-se a bola com mãos, pés, cabeças e raquetes.

Vê-se, assim, que a bola - uma antiquíssima tecnologia - convive com as novas tecnologias sem a perda de sua identidade advinda da mãe natureza. Esse é o segredo de continuar viva e atuante até os dias atuais. O algoritmo não vai modificar a bola. Pelo contrário, os especialistas em computação usam diferentes imagens da bola em suas artes.

Esse é um exemplo de que essa convivência entre o novo e o velho segue em harmonia. Não temas, pois, esse dualismo. Respeite e se adeque as novas tecnologias sem perder a cabeça. Veja que sua cabeça, em si, é uma bola.

CAPÍTULO 5

A ENCICLOPÉDIA CEREBRAL E AS NOVAS GAVETINHAS

Quando eu entrei no ginásio aos 12 anos de idade percebi uma mudança significativa na forma de amealhar novos conhecimentos, em 1957. Até então, na escola primária (hoje, ensino fundamental) havia uma única professora para a turma que ensinava tudo - alfabetização, história, aritmética, costumes, português, religião, etc - e quando cheguei ao ginásio havia um professor para cada matéria.

Achei, em princípio, bacana. Depois, fui verificando que algumas matérias que eu estudava - vou citar três delas para ilustrar: latim, francês, desenho - não serviam para nada de minha vida de pré-adolescente momento importante na minha formação educacional.

Quem ensinava latim era um padre que conhecia fundamentos da língua que aprendera no Seminário de Santa Tereza, em Salvador, e rezava as missas lendo as frases em latim . O padre ensinava na linguagem que David Ausubel - psicólogo da educação estadunidense (1918/2008) chamava de mecânica, 'decoreba': Primeira declinação, segunda declinação, terceira declinação e assim por diante. E os alunos iam repetindo e copiando o que ele escrevia no quadro negro com uso de um giz branco.

O padre era funcionário público da SEC estadual e fazia sua parte porque o latim já era uma língua morta, mas curricular. Eu decorava as declinações para passar de ano e só. Depois, a SEC tirou o latim do ensino, creio, desde a reforma feita na igreja pelo papa João XXIII que aboliu o latim até mesmo das missas.

Assim aconteceu com o estudo do francês, que ainda resistia no final de domínio do culto à cultura francesa no Brasil. Na minha cidade - ligada a Salvador por uma linha ferroviária desde 1880 - tinha sua extensão com Paris, via mar, e os comerciantes e fazendeiros considerados ricos tinham em suas casas pianos, ouviam músicas clássicas (de preferência francesa) e falavam francês ao jantar, ou ao menos exigiam que suas filhas falassem. Uma exigência mais às mulheres do que aos homens, pois, consideravam um refinamento.

Sobre o desenho conheci algumas formas geométricas - finalmente vim saber o que era um cubo - mas era uma matéria semi-técnica que a gente estudava pouco, apenas o suficiente para passar. A cidade só tinha uma pequena livraria e papelaria e o dono foi obrigado a importar de Salvador alguns objetos que a gente desconhecia na vida comum- esquadros, compasso e lápis especiais.

Havia, ainda, o ensino da história universal. Menos mal. A professora falava das pirâmides do Egito, dos faraós, de uma cultura que a gente nunca tinha ouvido falar e que entendíamos pouco, que significava o Código de Hamurabi e outros ensinamentos. Era como se ela estivesse falando grego. O máximo que conseguíamos absorver desse velho mundo (dado relevante para nós porque passamos a ver que existiam outras culturas no mundo, mais antigas do que a nossa e melhores) era quando a professora mostrava imagens em livros que eram paupérrimos nesse tempo e não havia, no ginásio, nada em audiovisual. Nesse campo, o cinema de nossa cidade, eventualmente, trazia alguma informação adicional.

Esse mundo dos faraós, das pirâmides, do Farol de Alexandria, da Grégia, do Império Romano, de fato, existia. Isso acrescentou muito ao nosso saber, ainda que de forma superficial, mas despertou uma curiosidade imensa.

Ausubel diz que há uma diferença entre o ensino mecânico e o significativo. Para que aconteça este último, a pessoa precisa ter alguns ensinamentos básicos acumulados no cérebro (desde criança) e formar determinados conceitos. A partir daí usa 'subsunçores', isto é, novos conhecimentos sobre determinados assuntos (feito uma escadinha, subindo cada degrau) e acumulando os saberes adicionais sobre os outros (velhos).

No ginásio, creio que, em português, ciências e história pratiquei o ensino significativo, porque fui aprendendo a interpretar textos, elaborar textos, sem decorar nada e sim acumulando novos conhecimentos de forma espontânea (ao contrário do ensino decorado e forçado do latim). Em ciência, havia, ao menos, a representação do homem em gesso e o formato dos órgãos do corpo humano. Foi a primeira vez que tive contato com um coração (de gesso) mas que a professora garantia ser igual (ou parecido) com os nossos. E era mesmo. E, em história, o cinema nos mostrava nas matinês aos domingos que esse mundo antigo existia, a Europa e o Oriente.

No conhecimento geral, o ginásio me proporcionou alguma régua e compasso como diria o poeta Gilberto Gil (a Bahia já me deu, régua e compasso/ quem sabe de mim sou eu/ aquele abraço) e foi isso que aprendi quando conclui o curso ginasial (4 anos) e meus conhecimentos estacionaram em determinado patamar.

Como a cidade em que eu morava no interior da Bahia não me oferecia algo mais em saber orientado (só me ensinava a mais o saber da rua, o popular, que acrescentava alguma coisa da vida prática) eu me mudei para Salvador.

Foi outro patamar, outro impacto, ainda que no início da década de 1960 os colégios públicos estaduais tinham pouquíssimos equipamentos e audiovisuais para avançarmos em conhecimento. Predominava, ainda, muita teoria e pouca prática. E senti isso, particularmente, quando duas matérias técnicas - Física e Química - tudo o que aprendíamos era na teoria. Foi um horror até porque estava focado em humanas.

Quando fiz vestibular para jornalismo, na Faculdade de Filosofia da

UFBA, 1967, de tudo o que aprendi de forma significativa o português e o conhecimento geral me salvaram e passei. Então, vocês podem ver que tudo o mais - latim, francês, física, química, matemática, desenho, tubo de ensaio, etc - tiveram pouca serventia.

Na Faculdade, também teórica, as primeiras lições ou observações feitas pelos professores da área técnica - a linguagem de comunicação, sociologia, etc - era de que "se quiseres aprender o jornalismo procures uma redação de jornal".

Os impressos tinham as maiores e melhores redações de Salvador. Foi o que fiz, logo no primeiro ano, 1968, e quando me formei, em 1971, já era chefe de reportagem. Em tese, em conhecimento prático, já sabia mais do que os professores da faculdade. Nada demais, porque esse distanciamento entre a realidade da vida e o ensino universitário é normal.

Na universidade tem muita teoria e pouca prática. Forma sábios para a vida acadêmica, para os debates e tertúlias. Para a vida real é preciso mesclar os dois campos. Isso não é só no jornalismo, mas na engenharia, arquitetura, medicina e outros.

Como estou escrevendo neste livro sobre a harmonia entre as novas e as velhas tecnologias fui educado no campo formal da educação básica e do ensino superior com a ajuda das velhas tecnologias: quadro negro, giz, livros, pesquisa em biblioteca, dicionário, etc - e na minha vida profissional prática fui me adaptando as novas tecnologias por conta própria, migrando da máquina de escrever para o computador; do jornalismo impresso para o on-line.

Não foi muito difícil essa mudança porque o cérebro humano é como uma enciclopédia e ele harmoniza o velho com o novo. O que já está guardado de conhecimento antigo você vai mantendo numa gaveta e criando novas gavetinhas para colocar o novo. Não se misturam, vivem em harmonia. O que você não pode é fechar a gaveta do conhecimento e estacionar sem abrir as novas gavetinhas. Isso é de fundamental importância em qualquer idade. Quem para no tempo se ferra. A reciclagem é prioridade número 1. Lembre que as novas tecnologias foram criadas para facilitar a sua vida e não para complicar.

Por isso mesmo, lembro do padre e do latim; do cubo, do professor de francês com sua boina; e vou harmonizando com os algoritmos, os bytes e os tradutores simultâneos. Nem preciso mais me esforçar para aprender inglês ou alemão, os algoritmos traduzem tudo para mim. Ainda assim, todo dia, quando abro meu whattsApp, por hábito, escrevo bonjour. E, rapidamente, vou ver as manchetes do Corriere dela Sera, de Milão.

É isso, vou alimentando minha enciclopédia cerebral com prazer, adicionando saberes em novas gavetinhas.

E como o jovem dos dias atuais, educado com o uso das novas tecnologias se comporta e adiciona novos conhecimentos? A capacidade do sistema nervoso em modificar sua estrutura e funções (neuroplasticidade) é inata e acontece durante toda a vida. Esse jovem, portanto, também vai abrir novas gavetinhas porque as tecnologias estão em permanente movimento.

O que hoje é novo para ele - o computador de mesa, por exemplo - daqui a 10 anos poderá não ser mais. Torna-se, velho. Mas, esse velho não pode ser jogado na lata do lixo, simplesmente, porque estruturalmente os conhecimentos que você obtete com seu uso já estão armazenados para sempre no seu cérebro.

É isso, a convivência do velho (traduz-se, também, como padrões de experiência) com o novo é um moto contínuo.

Capítulo 6

A CADEIRA, O ALGORITMO E A FILOSOFIA DE SÓCRATES

Justifico o título deste livro com dois elementos representativos do antigo e do novo para mostrar como eles vivem harmonicamente. É possível que você esteja lendo este livro sentado numa cadeira.

Os senadores romanos com origem nos "conselhos de anciãos" da antiguidade ocidental (surgidos após o ano 4 000 aC.) sentavam-se em cadeiras. Este conselho dos pater famílias (pais ou chefes das famílias patrícias) foi mantido na República (509-27 a.C.)

O termo latino senātus é derivado de senex, que significa "homem velho". Portanto, o Senado, literalmente, é um "conselho de anciãos". É o que vemos, no Brasil, nos dias atuais, o conselho senatorial de nossa República, com os senadores passando a maior parte do seu tempo sentados em cadeiras ou nos gabinetes ou nas sessões plenárias.

A cadeira mudou de estilo - pode até ter ficado mais confortável - porém, segue o mesmo padrão de 4.000 anos atrás com um local de assento, um espaldar para as costas e uma base de sustentação da bunda. Mesmo as ergons.

É provável que você (como eu) passe a maior parte do seu tempo sentado numa cadeira - trabalhando, fazendo refeições, assistindo televisão, vendo filmes no cinema e até malhando - e uma outra parte dormindo ou descansando numa cama que é outro objeto dos mais antigos desde a época do homem caçador-coletor.

O algoritmo é a base do software de um computador. Uma série de operações que programadores criam estratégias para fracionar problemas e resolvê-los.

Quando você compra uma mercadoria no supermercado ou na padaria e passa seu cartão de crédito para efetivar o pagamento, no momento em que insere o cartão numa máquina e é feita a leitura do número do seu cartão aparecendo na telinha seu nome, o valor da compra e o local para inserir uma senha e aprovar, todo esse processo é feito por algoritmos.

Isto é, um algoritmo lê o número do seu cartão, pede sua senha e o aprove-se. Realizada essas primeiras operações ele envia uma mensagem automática para seu banco que, também de forma rápida por outro algoritmo autoriza o pagamento.

E o que isso tem a ver com a cadeira. Em tese, nada. Mas, observando que a caixa do supermercado (aonde você vai passar o cartão) está sentada numa cadeira e depois você vai pegar seu carro e ir para casa - sentado num banco (cadeira do automóvel) vê-se que as novas tecnologias dialogam com as antigas e não estão dissociadas.

Ademais, as novas tecnologias (os algoritmos) podem criar um novo tipo de cadeira? Não.

Podem desenvolver modelos diferentes, porém, o principio anatômico será o mesmo e isso não foi inventado por nenhum cientista e muito menos por estudos feitos por algum pHD de uma universidade famosa e sim pelo homem comum que respeitou a anatomia corporal - a posição da coluna vertebral e o ajuste das costas - e criou a cadeira.

A cama obedece ao mesmo princípio. Inicialmente, o 'sapiens' coletor-caçador dormia em cavernas para evitar ataques dos animais e usava peles desses animais que matava e curtia no sentido de curar (secá-las e amaciá-las) onde se deitava para descansar e dormir obedecendo a estética do corpo humano.

Daí também vem o travesseiro e as cobertas, os edredons atuais. Ainda hoje passados mais de 15 mil anos é assim. Ninguém dorme em pé ou em camas verticais.

As camas podem ser redondas, quadradas, kings, solteiras, duras, moles, alcochoadas, porém, a horizontalidade é a mesma dos tempos dos nossos ancestrais. Até mesmo as camas hospitalares obedecem a esse mesmo princípio.

Você já viu algum doente 'deitado' em pé? Impossível.

É importante entender que os algoritmos estão mudando as nossas vidas. Isso é real. Até os meus 30 anos de idade, entre 1945/1975 nunca havia usado um cartão de crédito e mesmo como jornalista profissional, a partir de 1971, todas as compras que eu fazia era com dinheiro ou no carnê em papel.

Em 1971 comprei meu primeiro terno nas Lojas Ipê, em Salvador, e dei a entrada em dinheiro e recebi um carnê no papel para pagar - todo mês - num caixa especial que existia na loja. Eu ia lá com o dinheiro da prestação em mãos, pagava a mensalidade, o caixa carimbava o tíquete que ficava no talão com PAGO e recolhia uma outra parte do tíquete com ele onde constava meu nome e o número da prestação. Era assim que funcionava até que os cartões de crédito e débito entraram em cena.

Esses carnês ainda existem em alguns lugares, porém, desapareceram por completo na maioria das lojas. Uma compra que seja dividida em 3 ou 6 vezes o algoritmo sinaliza para o banco o parcelamento e isso é feito automaticamente na sua conta bancária a cada mês.

Aonde vamos parar? É a pergunta que faço no subtítulo do livro.

É impossível saber diante dos avanços que estão acontecendo na computação a cada ano. O importante é seguir acompanhando e se atualizando nos processos que vão ocorrendo a todo instante, sem, no entanto, se apavorar ou querer se atualizar em demasia.

A indústria da computação vive em permanente inovação, mas se seu computador está satisfazendo as suas necessidades vitais (lembre-se da cadeira) você não precisa trocá-lo a cada ano, muito menos seu iphone. No momento em que você sentir que está desatualizado aí sim é hora de fazer a mudança.

Observe que muitas coisas que são apresentadas a cada inovação são supérfluas. Isso também acontece na indústria de uma forma geral e na automobilística de forma mais acentuada. Se você observar, cada ano os veículos se modificam um pouco. Uma lanterna que era quadrada passa a ser retangular e modifica a feição do carro, mas, a finalidade é a mesma. E muita gente corre as concessionárias para trocar de carro diante de uma bobagem dessas.

Pratique a opcionalidade observando o filósofo Lúcio Aneu Sêneca (4 a.C.): "A contabilidade dos benefícios é simples: tudo é dispêndio; se houver um retorno, isto significa um ganho claro; se não houver este retorno, nem tudo está perdido, o indivíduo desembolsou pelo simples fato de desembolsar".

Sêneca se baseava na robustez do estoicismo - descartar as desvantagens das perdas e preservar as vantagens.

Então, o impulso pela troca acelerada (a atualização do iPhone 7 para 10) imaginando ganhos ilimitados (a indústria vende o inatingível para os normais) é, na maioria dos casos, desnecessária.

Segundo Nicholas Taleb, estatístico e analista de riscos, a opcionalidade é fator condicional para a antifragilidade. E esta é ter mais a ganhar do que a perder, que é igual a mais vantagens do que desvantagens, que é igual à assimetria (favorável), que é igual a apreciar a volatilidade.

Ou seja, antes de optar por um plus a mais em tecnologia o observe com calma (e se utilize das pesquisas do mercado) o que você tem a ganhar, na realidade prática da vida.

Taleb é enfático: "A vantagem da opcionalidade está no maior retorno quando se está certo, o que torna desnecessário estar certo com muita frequência". Põe, pois, essa incógnita no caminho para você pensar.

Cautela, pois, em tudo na vida. É bom se servir dos algoritmos (excelente, sem dúvida), mas lembre da velha cadeira onde Sócrates (470 a.C.) filosofou e você, certamente, está sentado lendo estas linhas. "Conhece-te a si mesmo" é a essência.

Capítulo 7

A MÚSICA DO TAMBOR AO ELETRÔNICO É POESIA E AMOR

Filho de músico, músico é. Quando eu era pré-adolescente, meu pai me levou a um relojoeiro para aprender a tocar violão. Meu pai era flautista e clarinetista e tocava na Philarmônica 30 de Junho (ainda se escrevia filarmônica com ph) e o relojoeiro consertava relógios e tocava e ensinava a tocar violão.

Na minha comunidade era assim: o trompetista era ferroviário; o tuba, mestre de obras; o caixa, barbeiro; o bumbo, pintor de paredes; o trombone, funcionário público; o trompa, sapateiro; funcionava desta forma. Eu, próprio, nesta mesma 30 fui sax-tenor quando estudante. Hoje, sigo na música: sou bandolinista.

Mas, nem sempre os filhos seguem os pais. Meus três irmãos não tocam nenhum instrumento. Veja que curioso: os filhos de Caetano Veloso todos são músicos; os filhos de Gilberto Gil, nem todos. Mas a regra geral é Gongazão, Gonzaguinha; Simonal, Simoninha; Moraes, Davi; Martinho da Vila, Martinália; Bel Marques, Rafa e Pipo e o mundo segue.

A música surgiu quando o 'sapiens' descobriu que, batendo um pau ou uma pedra num objeto produzia sons. Elementar. Mas havia os bichos que produziam sons diferentes uns dos outros. Alguns deles, pareciam ter alguma coordenação: os pássaros. E era bonito de ouvir. Um leão urrava, mas, era só; uma girafa, nem isso. Uma ave dobrava os silvos, os cantos.

Vem daí - da natureza - que o homem se apropriou da organização dos sons que produzia em paus ocos - os tambores primitivos. E os sons foram usados para louvar os deuses, exaltar autoridades, incentivar as lutas. As batalhas, mesmo as tribais, tinham rufar de tambores. As bandas militares surgiram na Alemanha, França e Inglaterra na época do Renascimento.

Os povos nativos da cidade do Salvador, onde moro, a capital musical mais antiga do Brasil, não tocavam nada. Os astecas, povos da cultura pré-hispânica, no México, 2.000 a.C. tinham festivais e tocavam tambores.

Liras e harpas já eram tocadas na Mesopotâmia há 3.000 a.C. e o primeiro instrumento de sopro ao que tudo indica teria sido uma flauta de osso.

Descrever toda a história da música seria uma novela tantos são os exemplos. As raízes musicais da Índia antiga estão na literatura védica do hinduísmo. A base do pensamento indiano combinava três artes: recitais silábicos (vadya), melos (gita) e dança (nrtta).

O salto triplo carpado na música deu-se num convento europeu. A denominação das notas musicais deve-se ao monge italiano Guido D'Arezzo (1050). A partir do Sancti Ioannis surgiram ut, ré, mi, fá, sol, lá – e o si, formado pelas iniciais do nome do santo (João).

O nome dessas notas tem a sua origem na música coral medieval. Guido era regente do coro da Catedral de Arezzo (Toscana) e criou a solmização - nomes das notas. Seis das sílabas foram tiradas das primeiras frases do texto de um hino a São João Baptista. As frases iniciais do texto, escrito por Paolo Diacono, eram: Ut queant laxis, Resonare fibris, Mira gestorum, Famuli tuorum, Solve polluti, Labii reatum. Sancte Ioannes. Cada uma com um tom diferente da outra no momento do canto.

Mais tarde ut foi substituído por dó, sugestão feita por Giovanni Battista Doni, um músico italiano que achava a sílaba incômoda para o solfejo e foi adicionada a sílaba si, como abreviação de "Sante Iohannes" (São João)..

Há uma série de detalhes e estudos que foram sendo acrescentados ao longo dos séculos. Por exemplo, a altura das notas era designada por letras de A a G. Mais tarde, nos países latinos, adoptou-se a designação "dó ré mi fá sol lá si" para representar "C D E F G A B".

Pautada acima do pentagrama a cifra A, B, C, D, E, F, G representam as notas lá, si, dó, ré, mi, fá e sol. E que podem ser alteradas em um semitom ascendente ou descendente, respectivamente sustenido e bemol. Ex: Am - lá menor; D# - ré sustenido; Bb - si menor; A7+ - lá com sétima. Ou seja, há todo um código que facilita o aprendizado.

Quando aprendi violão não exista o método cifrado e sim o método clássico dos tons 1ª, 2ª, 3ª e variações. No bandolim, aprendi por música na Universidade Católica, mas também toco por cifra.

Chegamos, então, ao ponto de uma primeira reflexão (palavra que detesto, avarenta) que é o objeto central deste livro, a harmonia entre as velhas tecnologias com as novas. Tocamos, pois, no Brasil ou no Japão; na Índia (dos vedas) ou no México (dos astecas) utilizando as notas musicais do monge Guido D'Arrezo, certamente degustador de vinhos como todo monge que se preza, e lá se vão mil anos e os algoritmos não criaram novas notas, novos métodos para facilitar a vida dos músicos.

Isso é o que chamo de harmonia entre o velho e o novo no aperfeiçoamento do que é bom e eterno colocando a tecnologia a serviço de algumas inovações sem perder a ternura, sem abdicar do passado.

Salvador é uma cidade musical e a convivência do tambor asteca, do tambor africano, do tambor baiano com o som eletrizado (gravado, mixado) é real. O grupo musical e cultural Olodum - aquele de maior visibilidade internacional do estado e do Brasil - protagonizou uma cena, com Michael Jackson, no Pelourinho, em 9 de fevereiro de 1996, para gravar o clipe da música "They Don't Care About Us" - também gravou na favela Dona Marta, Rio de Janeiro.

Sua equipe se utilizou de equipamentos de alta tecnologia (da época) na gravação, porém, o som produzido pelos músicos do Olodum foram dos tambores afinados a mão e ao sol no curtir dos couros.

Olha só: Na lista dos clipes mais vistos do cantor na plataforma YouTube, "Billie Jean" ocupa o primeiro lugar, com mais de 665 milhões de visualizações. Em seguida, vem "They don't care about us", com 610 milhões, seguido de "Thriller", com 597 milhões de views. Ou seja, a gravação do Pelourinho está acima de "Triller".

Hoje, o Olodum mixa tambores com guitarras em seus ensaios e em seus desfiles carnavalescos com os mesmos tambores que usava há 43 anos quando o bloco foi fundado e com aqueles que tocou com Jackson, há 25 anos.

Uma inovação tecnológica - ou pulo do gato - que aconteceu em Salvador, ano de 1950, deu-se na criação do trio elétrico idéia de dois estudantes de música e eletrônica - Adolfo Antônio do Nascimento (Dodô) e Osmar Álvares Macedo (Osmar) que se conheceram num programa de rádio e criaram o "pau elétrico", em 1942 (considerado a primeira guitarra do Brasil).

A "Dupla Elétrica" tocou em instrumentos adaptados as canções do grupo Vassourinhas, de Recife, que se apresentava em Salvador a convite do governador Octávio Mangabeira. Em um ano fizeram aperfeiçoamentos e incluíram Temístocles Aragão formando o trio elétrico, em 1951. No ano seguinte a Fratelli Vita percebeu o enorme sucesso do trio e colocou um caminhão decorado à disposição dos músicos, inaugurando o formato consagrado por todos os carnavais até hoje.

É pouco? O trio é a maior invenção do Brasil nesse campo. O Palmeiras, ontem, desfilou pelas ruas de São Paulo comemorando a conquista da Libertadores das Américas em cima de um trio elétrico.

Ao longo desses últimos 70 anos o trio foi se modificando sem perder a base, a raiz. Vários modelos foram surgindo - garrafa, nave espacial, aves, etc - e incorporando o canto e os sistemas eletrônicos. Na inicial, os componentes do trio - guitarra baiana, guitarra base e baixo - ficam na plataforma alta e os outros músicos - caixa, surdo, bumbo - nas laterais. Hoje, todos estão na plataforma alta e o destaque fica para o cantor (a) no topo. Há similaridade.

portanto.

Um trio tem uma engrenagem complexa com o uso das novas tecnologias e técnicos em computação e eletrônica comandados por um engenheiro para fazer toda mixagem e misturar canto, metais, guitarras, violinos, tambores e outros elementos de percussão. Ou seja, há uma convivência entre o novo e o velho, salvo em trios que usam apenas os eletrônicos, caso do DJ Alok. É possível fazer um trio holograma sem músicos e sem humanos visíveis numa plataforma? É. Mas, ainda não aconteceu. Mas, poderá acontecer.

Em 2019, o professor japonês Akihiko Kondo, 35 anos, se casou com cantora holográfica (em realidade virtual), Hatsune Miku. Veja que tem doido pra tudo. Quando o trio eletrônico desfilou pela primeira vez no Carnaval de Salvador - sem cantor, sem banda - imaginava-se que ninguém seguiria. Mas, milhares de pessoas seguiram o 'pancadão'. Decretou-se a morte da poesia que, se já tinha um gosto duvidoso com a axé música, morreu de vez com o 'pancadão'.

Onde vamos parar? Ninguém tem uma resposta. As novas tecnologias são desafiadoras e o cérebro humano não é metalizado, porém, aceita do Iron Maiden a Vinicius de Moraes; da Sinfônica de Berlim a Pablo. Ainda assim, a nós, os mortais comuns - a maioria da população - a harmonia entre as velhas tecnologias com as novas na música, na composição musical, nos arranjos, na poética, no uso da voz no clássico ou no popular é o que predomina.

Estamos salvo ou como cantava Zaratustra, em "A Canção da Noite": - Só agora despertam todas as canções dos que amam. E também minha alma é uma canção de alguém que ama".

Não há música, em sua essência, sem a poética, sem esse amor.

Capítulo 8

OS TRÊS SISTEMAS DE CÁLCULOS NA PRÁTICA DA VIDA

Essa é uma questão fundamental na vida e vale muito a intuição das pessoas. Mas, não só isso. É uma evolução: a cabeça, o lápis e o papel, a máquina de calcular e os algoritmos e aplicativos.

Meu cunhado - casado com minha irmã mais nova - era caminhoneiro e teve uma vida muito dura - no sentido do trabalho, da labuta - e nunca o vi reclamando de nada.

Saía do interior da Bahia para buscar madeira no Pará e voltava numa boa. Não sei como fazia as contas de lucros e perdas numa viagem dessa natureza para tão distante - combustível, desgaste do caminhão, alimentação, a compra dos toros das madeiras e as vendas. Era tudo cálculos feitos na cabeça e foi assim até morrer. Quando faleceu, claro, deixou as coisas que tinha desorganizadas - duas pequenas fazendas, bois, carneiros, caminhão, trator - numa falência desorganizacional.

Minha irmã teve que organizar toda a documentação possível, porque muitos dos seus negócios eram feitos com a palavra. Vocês podem imaginar a trabalheira que foi e os prejuízos que teve.

Até vivo a própria pessoa pode controlar (em parte) as finanças, mas, morta as coisas se complicam e os herdeiros ficam sem saber o que fazer, por onde começar a organização do espólio e quais os bens móveis e imóveis.

Lembro de uma colega de jornalismo que, quando o pai faleceu, fazendeiro no Extremo Sul e com muitos bois, imaginou que herdaria algumas cabeças de bovinos, mas, quando foi para a ponta do lápis com o irmão, este disse que uma parte da boiada havia morrido. Cobras seriam responsáveis por esse malefício.

Daniel Kahneman, prêmio Nobel de Economia, autor do livro "Rápido e Devagar - duas formas de pensar" dá a chave do segredo de como a mente funciona baseando-se em processos recentes da psicologia cognitiva e social, nesses casos acima citados.

Kahneman mapeou dois sistemas práticos que usamos no dia-a-dia (serve para todas as pessoas) o que classificou de Sistemas 1 e 2 para ficar mais didático e as pessoas compreenderem.

O Sistema 1 opera automaticamente, rapidamente. Por exemplo: uma conta simples de operação financeira a pessoa sabe que duas notas de 50 reais correspondem a 100 reais. O mais simples cálculo da matemática é: 2+2=4.

No Sistema 2 as atividades mentais requerem cálculos mais complexos. Mesmo para coisas aparentemente simples em finanças você precisa de uma máquina calculadora ou de uma caneta e papel.

Não se trata mais de 2+2=4. Estamos falando de 10 ovelhas que você queira vender e tenham pesos variados. Daí exige-se cálculos que a pessoa não consegue processar na cabeça, sozinha.

Meu cunhado e alguns dos seus amigos operavam esse sistema 2 na cabeça, na intuição, na experiência. Até mesmo na venda de uma pequena boiada colocada num curral. Era feito um cálculo do peso dos animais - um pelo outro - no olhômetro - e havia confiança entre as parte e os negócios eram realizados.

Em nosso dia-a-dia estamos submetidos a esses dois sistemas da teoria de Kahneman e a duas formas de pensar. Há, algumas pessoas - como meu cunhado, que agem na experiência - e outros, a maioria, que preferem fazer cálculos em máquinas e usam lápis e papel para anotações.

Algumas vezes (imagino) você já fez uma proposta a alguém para concretizar um negócio e a pessoa do outro lado diz: - Vou pensar mais um pouco para lhe dar a resposta. Esse pensar mais um pouco envolve além da matemática (lucros e perdas possíveis) as questões históricas, afetivas e outras.

Quando meu pai faleceu em 1995 e mais adiante minha mãe em 2001 eles deixaram para os 4 filhos como herança a casa em que viviam, um chalé. Nós (os filhos) já estávamos nos aproximando da velhice e imaginamos vender o chalé porque a casa era situada no interior e dois dos nossos já moravam em Salvador.

Quem tomaria conta de uma casa velha? Imaginem quantos problemas tem um chalé centenário construído ainda com adobe, no início do século XX. O chalé se situa ao lado da catedral da diocese e tivemos uma proposta do bispo para comprá-lo. Eu achei o valor oferecido baixo, mas, levando-se em consideração o problema da conservação da casa, creio que seria um bom negócio. Meu irmão mais velho também concordou comigo. Mas, minha irmã que morava próximo ao chalé discordou. Ela arguiu que o valor era baixo demais e não topava o negócio.

Creio, no entanto, que além do valor baixo ela levou em consideração a história da casa e o fato do meu pai ser espírita - como ela - o que vender para uma organização católica não seria o correto.

Essa é uma hipótese subjetiva que faço, mas perfeitamente adequada a psicologia cognitiva. A casa segue de pé, meu irmão mais velho já faleceu, a diocese comprou outra casa e temos esse drama de manter o chalé em pé.

Veja que, nem sempre, as coisas são simples de serem resolvidas e o Sistema 2 tem essas variáveis imponderáveis que são bastante interessantes de serem analisadas.

O impulso de operar rapidamente e/ou ter cautela são os dois lados da moeda e acontece muito no nosso dia-a-dia. A operação do Sistema 1 - na prática - não há problemas. Todo dia você tem que comprar o pão para a família. Entra no automático: passa na padaria e compra o pão. Você já deixa o trocado (dinheiro) reservado para isso.

Não é o mesmo que comprar um apartamento. Nesse segundo caso - Sistema 2 - exige-se além do cálculo matemático do valor a ser pago - as prestações e os juros - a localização do imóvel, a mobilidade do transporte, os serviços que o bairro oferece e assim por diante. Se você compra um apartamento num bairro que não tem padaria próxima, mercadinho, farmácia, escola, fica sujeito a sempre que sair de casa usar um automóvel, uma moto ou uma bike.

Outro ponto relevante é que existem ofertas próprias do Sistema 2 (complexas) que sensibilizam o automático em seu cérebro e você manifesta o desejo de adquirir, mesmo sem necessidade. Muitas propagandas de ofertas 'sensacionais' de produtos na televisão e na internet têm esse gatilho. Parecem simples e seu impulso inicial é de comprar. Quando você aciona o Sistema 2 analisa com calma e desiste. Mas, há quem compre.

Acontece muito no mercado financeiro - a tentação da caderneta de poupança - que, subjetivamente (e na reaL) rende pouco. Se você aciona o Sistema 2 e com esse dinheiro compra ações numa bolsa de valores - negócios que você nunca fez na vida - achando que está diante de uma oferta maravilhosa, pode perder o que tinha.

Temos, portanto, aos nossos olhos, entrelaçados, os dois sistemas de Kahneman, que são movidos pelas velhas tecnologias - a conta feita na cabeça, a conta feita com lápis e papel, e a conta da calculadora - que são os mais comuns e usados entre os 'sapiens' normais; e temos um sistema mais complexo que exige a ajuda dos algoritmos, das novas tecnologias.

Hoje, no caso de negócios para a venda de uma boiada, existe um aplicativo iScanner que conta objetos através de uma câmara do celular e o computador ao acionar essa câmara sabe quantos bois tem no curral. E, mais ainda, a startup Olho do Dono, possui uma ferramenta (ela e outras) na qual um boi ao passar na frente de uma câmara faz automaticamente toda a reconstrução em 3D, extraindo mais de 500 indicadores do animal e apresenta o peso de cada lote sem precisar ele ir a balança.

Há, portanto, inúmeros aplicativos que dispensam o olho vivo, o papel, a caneta e a máquina de calcular, mas essa substituição ainda não se deu por completo. Assim como se lê um livro no papel e/ou na telinha on-line, esses três sistemas descritos acima seguem convivendo, em harmonia - as velhas tecnologias com as novas.

CAPÍTULO 9

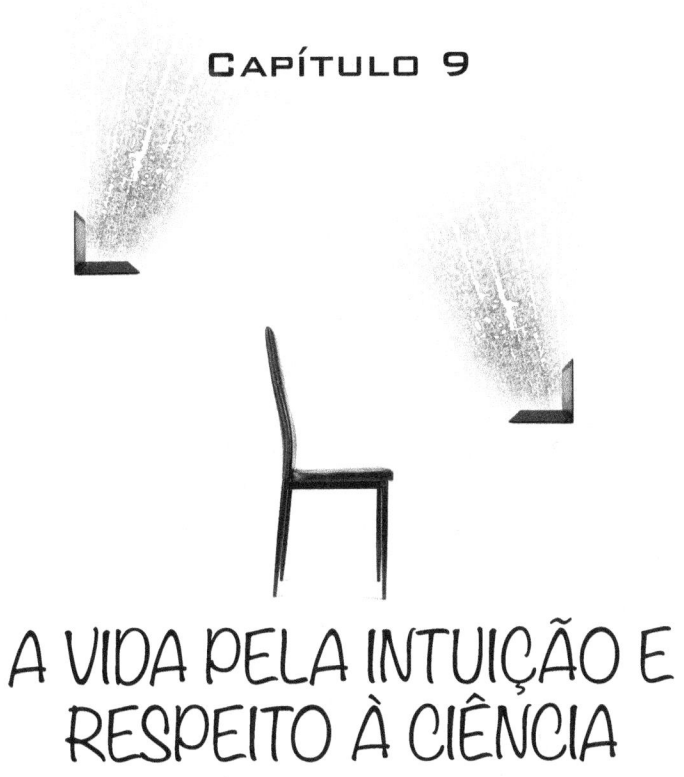

A VIDA PELA INTUIÇÃO E RESPEITO À CIÊNCIA

Pautei minha vida pelos dois sistemas descritos por Kahneman em "Rápido e Devagar - duas formas de pensar" sem conhecê-las. Tenho 76 anos de idade e só vim saber dessa teoria de Daniel Kahneman, em 2020. Fui pautado pela intuição e nunca me arrisquei em praticar coisas que não estivessem ao meu alcance. Tudo foi devidamente medido sem um planejamento a longo prazo.

Ninguém consegue planejar a vida. As pessoas podem até planejar a compra de um imóvel, de um veículo, a formação universitária, a ascensão social pelo trabalho e isso dá certo. Ao menos, 80% do que se planeja. Mas, a vida tem o imponderável da doença, de um acidente e da morte.

Steve Jobs foi o empreendedor revolucionário do século XXI com sua empresa Apple, o iPhone, os aplicativos e os sistemas computadorizados em nuvem e poderia ter feito muito mais. Era uma cabeça pensante intuitiva e seus grandes feitos não nasceram numa universidade e sim em seus labs e oficinas com amigos matemáticos e estudiosos da computação.

Mas ele teve um câncer de pâncreas e morreu precocemente. Era naturalista e decidiu enfrentar a doença sem a quimioterapia. É provável que morresse de qualquer jeito porque essa doença no pâncreas com quimio ou sem quimio leva o cidadão à morte. O que poderia acontecer seria um prolongamento de sua vida.

Mas, a vida é uma coisa particular de cada indivíduo e ele decidiu assim. Então, Jobs planejou o iPhone e sua evolução e conseguiu seu objetivo deixando para os técnicos da Apple desenvolverem novos sistemas. Mas, falhou no planejamento da vida. Na realidade, não falhou coisa alguma. Aconteceu o imponderável que pode acontecer com qualquer pessoa.

Há uma expressão em moda em que se atribui: "O capitalismo global gera doenças globais". A depressão seria uma dessas doenças já descrita como a doença do século XXI. Mas a depressão acontece também na Espanha que é um país com regime socialista, na China que adotou um regime misto com o capitalismo na economia e o comunismo na política o mesmo acontecendo na Rússia. Então, não se pode generalizar que o capitalismo é o responsável por isso.

Diz-se que Bill Gates e George Soros, dois mega capitalistas, fazem mais pela luta a favor da liberdade política e contra as doenças do que quaisquer intervenções estatais.

Jobs, no meu entendimento, deu uma grande contribuição a democracia brasileira e a liberdade de expressão. As pessoas não percebem isso ou fingem não perceber. As redes sociais não surgiram do nada. Elas foram geradas pelo iPhone pela internet e o Brasil registrou uma greve de caminhoneiro, no governo Michel Temer, sem sindicatos e políticos a partir de lideranças anônimas surgidas na rede e graças ao WhatsApp. Houve uma mobilização da categoria que parou o país.

Obra de quem? De Jobs, o qual já tinha morrido. Mas Jobs era capitalista, adorava o capitalismo, cresceu com o capitalismo, e hoje seu meio de comunicação é usado pelos socialistas e comunistas. Então, quem deu mais contribuição ao processo de democratização brasileira Jobs ou um político graduado da política nacional? Jobs, claro.

Esse é o viés da questão que as pessoas precisam entender e não sair criticando o capitalismo e os ricos. Ser rico deve ser ótimo ainda mais quando o rico compartilha sua riqueza. E há várias formas de compartilhamento. A Luiza Trajano é a mulher mais rica do Brasil. Ótimo. Uma trabalhadora incansável e que emprega milhares de pessoas e está sempre inovando agora com a Magalu. Então, ao invés de condenar a Luiza por ser rica devemos elogiá-la.

Há uma distorção enorme nesse entendimento e os esquerdistas 'caviar' à semelhança da esquerda proletária (La gauche Prolétarienne) que surgiu no maio de 1968, na França, querem taxar absurdamente os ricos brasileiros achando que isso vai resolver alguma coisa quando só vai piorar. A esquerda brasileira, aliás, em tudo em que ela se mete só faz piorar. Um exemplo são as Universidades federais aparelhadas por partidos e gulosas por verbas que não saem do lugar, não evoluem, não entendem que o mundo mudou. Mas, abriga os seus, na mamata acadêmica que não produz nada de efetivo.

Estamos atravessando uma pandemia do coronavírus que teria sido originária numa província da China e se espalhou pelo mundo. Se fosse no século XIX é provável que tivesse ficado restrita na própria China. Mas, no século XXI com o mundo globalizado e aviões cruzando os céus do planeta o vírus seguiu nessas asas aéreas.

E qual a contribuição que a Universidade brasileira deu no combate ao vírus? Os grandes laboratórios capitalistas - da China, inclusive, e também da Rússia - são os responsáveis pelas vacinas. Como condenar o capitalismo numa situação dessas?

Na vida prática, nós, os subdesenvolvidos, ficamos a mercê dessa ajuda, pois, não temos tecnologia. Vocês já ouviram falar de uma vacina da Bolívia? De uma vacina produzida em El Salvador? Eu tomei a vacina Coronavac que é uma mistura da China com o Brasil. Ou seja, a China envia os insumos e o Butantan produz a vacina. E por que não temos insumos? Pelo atraso na ciência nacional.

E, eu, cidadão brasileiro, velho, na iminência de morrer, poderia rejeitar a Coronavac esperando algo melhor? Não. Porque é melhor uma andorinha na mão do que duas voando. E se eu pautei minha vida toda assim segurando a andorinha - já falei num capítulo anterior que tive de aprender latim no ginásio para passar de ano - fui vacinado com um produto que é rejeitado "entre aspas" pela comunidade científica europeia.

E será que os europeus estão certos nesta condenação? Claro que não. Quando vieram roubar o ouro do Brasil no século XVIII não estavam preocupados com a malária. E quando os espanhóis ocuparam o México e a Grã Colômbia mataram milhões de astecas e toltecas com a varíola e outras doenças dos brancos. Então, pimenta no c dos outros é refresco. Eles não se vacinaram e enfrentam uma terceira onda com muitas mortes.

Já tomo vacina H1N1 contra a gripe há mais de dez anos e nunca ninguém verificou a efetividade desta vacina em percentuais se era boa ou não. Já contrai algumas gripes (ou resfriados mais leves) mesmo vacinado. Mas, para a vacina contra a Covid criaram esse negócio de efetividade em percentuais para enganar os otários.

E onde entra as velhas e as novas tecnologias nesse contexto que é objeto do nosso tema neste livro? Na andorinha em mãos. Vacine-se, pois. Quando aconteceu a epidemia da cólera morbus em Salvador (1855/1856) centenas de pessoas morreram porque não havia vacinas. O isolamento era feito indo morar em lugares distantes do centro da cidade, nas chácaras e nos morros. A cura era feita pelo tempo, pelo ar, pela higienização. Hoje, temos a vacina, mas persistem a higienização (lavar as mãos e usar máscaras e álcool gel) e os novos equipamentos em respiratórios artificiais.

Vê-se que essa casamento de velhas tecnologias com as novas é antigo - e existe centenas de fotos mostrando o uso de máscaras para conter a gripe espanhola (1918/1919), as mesmas máscaras que estamos usando nos dias atuais para conter a SARS/Covid. Velho e novo eternamente aliados.

Capítulo 10

O CASAMENTO DA FOLHINHA DE MESA COM O COMPUTADOR

Passados 29 anos que aposentei minha máquina Olivetti de escrever tenho vagas lembranças se o seu teclado era de um azul escuro luminoso onde se assentavam as letras brancas ou de um chumbo encardido. As recordações são perturbadoras como as casas que a gente passa um tempo na vida. As cortinas se fecham para nunca mais abrir e as flores dos meus jardins ficam delas apenas fragmentos na mente. Lembrei-me disso porque estou há 15 anos, precisos, atuando no meu site Bahia Já usando computadores e sinto que essa nova tecnologia domina meu ambiente de trabalho.

Era de se supor, imagino que vocês pensem assim, que uso essas mesmas novas tecnologias para me atualizar em dados jornalísticos sobre as notícias que correm pelo mundo, pois tenho o dever de atualizar diariamente o meu meio de comunicação. E é o que faço, uma vez que já deixei de ler os impressos há, ao menos 5 anos, mas, por uma dessas relações do novo com o velho mantendo o hábito, ano após ano, de adquirir e acompanhar o passar dos dias por uma folhinha Coração de Jesus - abençoai este lar - um impresso das Paulinas.

Também era de se imaginar, assim interpreto o pensamento dos meus leitores e leitoras, que eu estivesse acompanhando esse passar dos dias por um meio eletrônico, um calendário no iPhone, a verificação do santo do dia no Google, a tabela dos feriadões do ano num Samsung, mas, confesso que uso os dizeres do impresso das Paulinas e, se isso ainda fosse pouco, marco num calendário de mesa com um círculo de caneta, a data do dia que passou. É visual, é permanente à minha vista, quando não o do Salão Chame-Chame o do Banco do Brasil.

Incrível isso. Neste final de 2021 a gerente prime do BB já me telefonou dizendo que estaria a mandar-me os calendários de mesa sabendo ela que eu os utilizo. Há uma satisfação mútua nisso como as trilhas dos caminhos de viver. Sapato velho se usa até não mais poder. Essa relação entre as velhas tecnologias com as novas, ao que percebemos, são eternas enquanto duram. No dia em que o BB ou a Lady Andréa deixar de enviar-me as folhinhas poderão cessar. Ou quem sabe, não desistirei de manter meu velho hábito e procurarei outro atalho com um novo fornecedor.

Já estive comerciante em determinado momento de minha vida e um dos brindes que costumava dar aos clientes de minhas lojas eram as benditas folhinhas. Tinha um fornecedor que nos outubros aparecia com um mostruário e eu encomendava as que queria, em especial, aquelas com paisagens europeias com neve nos meses finais do ano ou com imagens de santos. Até hoje não entendo porque nós, dos trópicos, gostamos tanto dessas imagens. Mas, diria, com acerto, que os meus clientes adoravam. E, não só os meus, mas outros tantos. E o fornecedor - já sabendo disso - tinha inúmeras dessas imagens para nos vender.

Em outros dos meus negócios, na comunicação - minha praia preferida e que meu deu régua e compasso - encomendava numa gráfica de Salvador calendários de bolso com estampas de mulheres nuas, ainda hoje em uso nos variados modelos. Quando comprei - recentemente - a Coração de Jesus de mesa nas Paulinas a freira que me atendeu no caixa deu-me um desses mini calendários de bolso, que se coloca na carteira de cédula, 2021, com uma imagem estilizada de Jesus em oração e a frase: "Tudo o que pedirdes em oração, tendo fé, o recebereis" Mt 21-22.

Sutil esse artifício. Calendário de mulheres peladas já foram (ou ainda são) os preferidos em borracharias e uma empresa famosa fabricante de pneus distribuía um deles de alta qualidade e figuras enormes que fazia grande sucesso. Estes e outros menores, no entanto, não eram recomendados para casas de família. E numa loja ou numa empresa prestadora de serviços seus donos sabem os modelos de cada folhinha para seus clientes.

Meu pai tinha uma tipografia no interior da Bahia que produzia folhinhas e calendários nas décadas de 1940/1950. Veja como essas estampas são antigas e até hoje sobrevivem mesmo com as novas tecnologias. No final da década de 1980 participei do marketing da campanha de um espanhol basco chamado Pedro Irujo, a deputado federal pela Bahia. Pedro era da elite dos Irujo de Pamplona e estava na Bahia há anos, empresário de sucesso. Mas, ainda assim, falava mal o português e não sabia cumprimentar o povo a moda dos políticos do sertão com tapas nas costas e carrego de crianças.

Uma das peças de aproximação de Irujo com o povo do sertão onde peregrinava votos no semiárido foi exatamente uma folhinha de parede para o ano seguinte da eleição com sua foto e dizeres populares. A folhinha fez o maior sucesso tanto que foram impressos milhares de exemplares e a população dos bairros periféricos de Salvador, de cidades do interior de residentes da zona rural disputavam a folhinha a tapas. Irujo foi eleito e é provável que a folhinha tenha ajudado. Nunca se saberá.

Traços essas linhas dentro do contexto deste livro para mostrar como as velhas tecnologias convivem com as novas, se entrelaçam, ainda que em modelos de usos distintos. Essa é a diferença palmar. Eu, no meu meio de comunicação que é o essencial, o mais relevante para mim, não posso mais usar as velhas tecnologias porque elas agora são peças de museus - as máquinas de datilografia; mas, possa usar (e uso) velhas tecnologias nos acessórios. O calendário é um acessório, a caneta outro, a caderneta de anotação no papel mais um deles. Eles, no entanto, não são essenciais. Poderia sobreviver sem eles? A pensar.

Na última quinta-feira, à noite, assisti uma palestra do Miguel Nicolelis sobre o cérebro intitulada "Verdadeiro Criador de Tudo" transmitida pelo ICL - Instituto de Conhecimento Liberta - mediado por Eduardo Moreira, e o mediador avisou aos mais de 80.000 participantes da sala-aula "usar a caneta e o papel para fazer anotações de perguntas". Prosaico. Se tudo era on-line, chat a disposição, as pessoas conectadas nos laps por que usar a recomendação da caneta e do papel?

Exatamente porque ainda não conseguimos - nem o ICL que é um instituto que oferece centenas de cursos todos on-line - nos dissociar dessa relação entre o novo e o velho.

Voltando ao meu trabalho essencial, meu ganha pão que é a comunicação, dando mais um exemplo dessa relação velho-novo, me esforcei na época para comprar um dicionário Aurélio Houaiss que era o top de linha em dicionário da língua portuguesa, em 2001. E, hoje, vejo-o relegado a plano zero em minha estante. Um algoritmo, o PageRank do Google - The Anatomy of Large Scale Hipertextual Web Search Engime - me oferece informações gratuitas, em segundos, de dúvidas que possa ter sobre português e outros temas.

Assim - dentro da minha área (e muitas outras com similares interpretações) aposentei também as enciclopédias e as pesquisas sobre os mais variados assuntos nos impressos. Essas são essenciais no meu trabalho e as novas tecnologias me ajudam bastante, assim como em outras áreas, da medicina ao direito.

O casamento entre as novas e as novas tecnologias, como vês, seguem nos acessórios - e viva ao meu Coração de Jesus - mas, no essencial, se divorciaram. Muitas cirurgias que eram feitas com cortes no corpo humano, hoje, são realizados por profissionais da medicina usando a robótica sem cortes e com resultados considerados melhores e mais rápidos na recuperação dos pacientes.

Capítulo 11

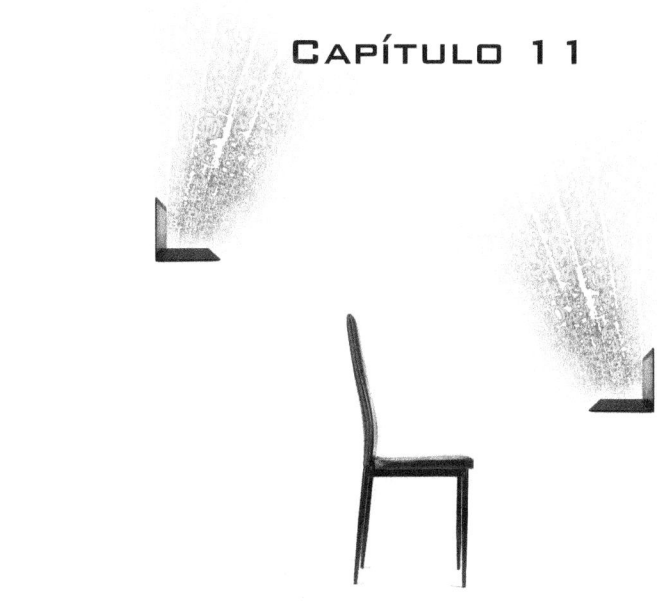

QUEM SABE MAIS: O HOMEM OU O ALGORITMO?

Esta é uma boa pergunta, bem interessante dentro do nosso tema – velhas e novas tecnologias – e se assemelha aquela até hoje não respondida: quem nasceu primeiro: o ovo ou a galinha?

O cientista mais proeminente do Brasil, Miguel Nicolelis, em recente palestra no ICL disse que "estamos (o sapiens) nos transformando em escravos das tecnologias ao abordar o tema do seu livro "O verdadeiro criador de tudo" - Como o cérebro humano esculpiu o universo como nós conhecemos - deixando claro, textualmente, que "o cérebro não funciona como computadores". E mais afirmou que a Inteligência Artifical (IA) de inteligente "não tem nada".

Os conceitos de Nicolelis são relevantes, porém, não podemos levá-los ao pé da letra de forma consensual uma vez que, sendo o homem o centro do Universo e o cérebro o criador de tudo desde os tempos do caçador-coletor até os dias atuais, foram combinações cerebrais de matemáticos, programadores em computação, físicos, estatísticos e outros que criaram um dos mais poderosos algoritmos da humanidade, o PageRank, do Google, um método de cálculo que permite que todas as páginas da internet decidam quais são as mais relevantes para uma busca.

Os fundadores do Google, Sergey Brian e Lawrence Page definiram-no como "a anatomia de um motor de pesquisa hipertextual em grande escala".

Ou seja, quando você solicita uma informação na busca do Google o PageRank pede a toda rede que página contém a informação mais útil. E lhe dá a resposta em segundos, quer você esteja no Brasil, na Ásia ou na Europa.

Então, se analisarmos o cérebro em si, a máquina cerebral de produzir ideias, isoladamente ou de forma coletiva, uma vez que os 'sapiens', desde os primórdios começaram a pensar e agir em grupo e continuam assim até os dias atuais, o que se chama, também, de pensamento das massas ou das multidões e muitas cabeças de reis e mandatários rolaram escada abaixo diante dessa turba cerebral, dessa tempestade de ideias, trata-se de um mecanismo das velhas tecnologias que está se aperfeiçoando.

E o algoritmo como anatomia de um super motor de busca é uma nova tecnologia que, na atualidade, queiramos ou não – como adverte Nicolelis para os cuidados de não sermos escravos da tecnologia - somos obrigados a conviver com ele e os congêneres porque não existem outras alternativas. Salvo se você se isolar como fez Brigite Bardot, no interior da França, hoje com 87 anos de idade.

Quando estamos diante de uma operação simples de multiplicar, por exemplo, 3.425 x 267 = a 914.475 o nosso cérebro não será capaz de fazê-la sem a ajuda de uma máquina, o que Daniel Kanehaman classifica de Sistema 2 nas duas formas de agir e pensar usadas diariamente pela maioria da população – os homens normais. No Sistema 1, mais simples, mais corriqueiro ao nosso dia a dia, o cérebro sabe de cor e salteado que a compra de 5 pães cada qual a 2 reais, a soma é 10 reais.

E quando estamos diante de um computador elaborando um texto ou verificando a análise de uma média ponderada do grau de aproveitamento de um grupo de estudantes de psicologia os algoritmos são essenciais e nos ajudam rapidamente a encontrar as soluções. Sem eles é possível fazer, mas a análise é demorada e perde-se tempo e dinheiro.

Os algoritmos - em tese - São, portanto, mais inteligentes do que o homem. Ou ao menos mais ágeis.

Eu nunca tinha pensado nisso até meus 60 anos de idade. Eu era analfabeto nesse campo, pois, só vim conhecer um computador de mesa em 1987 quando fui morar em Londres na casa de Miss Dzuba, uma senhora que residia em Hendon e hospedava estudantes estrangeiros. Até então eu trabalhava em máquinas de escrever e havia feito a campanha política de Waldir Pires a governador da Bahia, PMDB/1986, usando Remingtons e enviando releases de papel para os jornais rádios e TVs.

Era um método muito atrasado. Um repórter viajava com Waldir para o interior e eu ficava na base, em Salvador, captando a notícia pelo telefone, às vezes transmitida de um Posto de Serviço (PS) da Telebahia porque nem todas as cidades tinham telefones nas casas e pousadas. Era um mecanismo artesanal.

Quando o fotógrafo conseguia mandar um filme era através de um político que pegava carona de algum avião que vinha para Salvador. Eu mandava pegar no aeroporto, revelar, copiar e mandar a foto para os jornais, normalmente, com 24 horas a 48 horas de atraso do fato em si.

Trabalhando em A Tarde consegui escrever umas linhas num computador Cobra na Editoria de Economia, de Alberto Oliveira, que trabalhava no BC. Quando cheguei na casa de Miss Dzuba havia um computador de mesa com programas de redes de saneamento – o marido dela era técnico em elétrica – e fui apresentado ao computador. Fiquei de queixo caído, pois, eu tinha uma colega de inglês, de Twain, que escrevia nele e mandava mensagens à família, pela internet.

Vi quanto era troglodita. Conheci outros e fui ao The Guardian, posteriormente, conhecer a rede deles. Tentei levar para A Tarde e não consegui quando voltei a Salvador, em 1988. E só implantei a primeira rede de computadores num jornal baiano, em 1993, no Bahia Hoje. Foi, mesmo com atraso, de um pioneirismo extraordinário. Mudou tudo na imprensa baiana na área da produção gráfica e industrial. Passei 1 ano para montar tudo, desde trazer equipamentos contrabandeados dos Estados Unidos (o Brasil tinha uma tal de reserva de mercado) e importar de Belo Horizonte jornalistas e técnicos que entendiam de computação. Mas, ainda assim, ninguém falava em algoritmo na nossa linguagem do dia a dia.

Hoje, existem centenas de estudos com comparações entre algoritmos e humanos com 60% de precisão com significação maior aos algoritmos. Ou seja, são mais eficientes do que nós. Se essa relação é feita na base da disputa 1x1 no Sistema A, mais simples, considerando-se 1 (o homem, alfabetizado, com conhecimento em computação) x 1 (o algoritmo com programação simples, isolado) pode dar empate técnico. Mas, na proporção de 100 homens x 100 algoritmos programados perdemos feio, na eficácia e na rapidez.

Ora, é muito difícil juntar 100 homens numa sociedade normal – um médico, um gari, uma cozinheira, um engenheiro, um metalúrgico, etc – com os mesmos graus de conhecimento em informática e até em suas profissões; enquanto é perfeitamente possível juntar 100 algoritmos num determinado tipo de programa à nosso serviço. Leve em consideração que os humanos têm opiniões diferenciadas e são inconsistentes em suas previsões, mesmo os especialistas. E quando uma informação é complexa aí é que a situação se complica mais ainda.

Digamos que esses 100 homens acima discutissem a produção de um vinho – desde o plantio da uva, manejo do solo, controle de qualidade, acidez até a produção propriamente dita. Seria, óbvio, um trabalho para 100 especialistas e não 100 normais, mas, mesmo para 100 especialistas na matéria haveria inúmeras controvérsias e, no caso de 100 normais, não se pode esperar nada de bom deste possível vinho. Já numa simulação computadorizada com os algoritmos pré-programados o resultado será mais aceitável.

Há, ainda, uma outra diferença fundamental: algoritmo faz prognóstico sem avaliações mentais comuns aos humanos especialistas que se consideram sábios e podem até imaginar ou pensar que o vinho acalenta à alma. Nada. O algoritmo 100 combinado vai produzir o vinho de qualidade para você beber.

James Surowiecki, em "A Sabedoria das Multidões" (pag 59) cita pesquisas realizadas por J. Scott Armstrong e uma declaração de Harry Warner, da Warner Bros, "não consegui encontrar nenhum estudo que encontrasse uma grande vantagem na especialização". E Armstrong completa: "Especialização e precisão não são relacionadas. Em alguns casos os especialistas eram um pouco melhores nas previsões do que as pessoas comuns embora vários estudos tenham concluído que não psicólogos, por exemplo, na verdade são melhores em prever o comportamento das pessoas dos que os psicólogos, mas acima de um nível baixo".

Ainda em "A Sabedoria as Multidões", James Shanteau, um dos maiores pensadores dos EUA sobre a natureza da especialização, sugere que as "decisões dos especialistas são gravemente falhas". Um dos exemplos e estudos dessas falhas se situam no mercado de ações das bolsas de valores.

Vê-se, pois, quão complexo é o tema na relação algoritmos x humanos. Não é fácil substituir o julgamento humano por uma fórmula. Mas, o mundo atual, em boa dose, está sendo assim. Claro que você pode ser diferente e optar por um modo de vida (digamos) mais naturalista consumindo tomates sem agrotóxicos e alfaces com o gostinho da terra. Mas quando falamos de uma fábrica com 10.000 operários em 3 turnos; ou de um porto exportador mundial com 100 mil almas se movimentando, comendo, bebendo e se alimentado dentro de uma cadeia produtiva 24h é impossível saborear essa alface com gostinho de terra e os produtos oferecidos são enlatados e industrializados, obviamente com químicos.

Os produtos consumidos em escala industrial não matam, óbvio, senão todos estaríamos mortos. Há, inclusive, uma tese do veneno em pequenas doses que pode ser experimentado sem que você morra. Você não pode tomar uma dose de veneno para ratos diluído em água, que vende na Avenida Sete, em Salvador, em vários ambulantes, de uma vez só, que você morre. Mas, se tomar uma minúscula parte deste veneno com alguma frequência sobreviverá para sempre.

É assim que funciona a alta performance alimentar no mundo. Somos 7.8 bilhões de pessoas mastigando diariamente, mesmo os talebans, pelo menos 2 a 3 vezes ao dia, o que significa mais de 20 bilhões de refeições variadas à mesa e aquela alface com gostinho de terra, natureba, fica só para alguns privilegiados.

Comecei falando de algoritmo x man e acabei comentando sobre alimentos. Não há nenhum problema nisso. Somos interligados por esses canais quer queira, quer não, Quantas vezes estamos discutindo sobre cinema e terminados falando de futebol. A vida prática é assim.

Creio que você não chegou a uma conclusão sobre a pergunta inicial: quem é mais inteligente o homem ou o algoritmo? Nem eu. Nem ninguém. Esse é um tema em andamento do debate e há quem garanta que o algoritmo vai superar o homem e até controlá-lo, distante da ficção, num plano real. Será?

CAPÍTULO 12

ANTI-FRÁGIL, UM LIVRO QUE AJUDA A PENSAR

Há livros geniais e alguns romances do século XIX se inserem nesse contexto e outros que ajudam os leitores a ter uma visão diferenciada do mundo em que vivemos. É interessante observar esse aspecto porque a linearidade da vida ou a compreensão de determinados fatos históricos e fenômenos da natureza por apenas um ângulo nos limita muito o pensar. Daí que um novo olhar, uma nova dimensão para o que se passa no planeta é sempre aconselhável e bom além de instrutivo e relevante para entender essa nova realidade aos nossos pés.

Entendo que o livro "Anti-Frágil - coisas que se beneficiam com o caos", de Nassim Nicholas Taleb (Editora Objetiva, 609 páginas, tradução de Renato Marques) ajuda nesse entendimento de ver o planeta e sua gente, sua história e os fatos que marcaram épocas, de uma maneira diferenciada.

Primeiro que Taleb é libanês e sua cultura, em si, já permite ter uma visão diferenciada do mundo ainda que sua formação acadêmica esteja vinculada aos Estados Unidos onde lecionou na Universidade de Nova York por 7 anos, e depois que ele é especialista em probabilidade e incerteza.

E o que é isso mesmo? Alguma picaretagem em cena? Algum guru querendo ganhar dinheiro com teses estratosféricas? Não. Taleb além de ter pés no chão e abominar benesses fortuitas tem um conhecimento vasto sobre a cultura da humanidade, se autointitula um devorador de livros, e o que ele (o filósofo) fala e prega no seu livro tem todo o sentido da vida. Aliás, o que mais ele aborda é exatamente a simplicidade da vida fugindo dos conceitos acadêmicos e das teses de doutorado e outras, as quais têm pouca utilidade prática no dia a dia das pessoas.

Essa é a diferença fundamental na abordagem de Taleb em "Anti-Frágil" com observações valiosas sobre a fragilidade, os fragilistas, os especialistas em tudo, e um mundo que se vende como fantástico quando não é. Por isso mesmo, a percepção diferenciada é relevante para esse alerta de que estamos submetidos a ditames pré-estabelecidos, arraigados, gente comprando coelho por lebre e se dando por satisfeito. E Taleb prega a rebelião no bom sentido da palavra que é um olhar diferenciados dessas lógicas reinantes.

Exemplo: os grandes inventos da humanidade (os atuais e os antigos) não passaram ou saíram dos bancos dos 'sábios' das universidades e sim de pessoas que atuaram no campo intuitivo e do saber localizado em esforço próprio, como foi o caso do computador e da internet que surgiram em oficinas; ou coisas do passado mas ainda extremamente úteis nos dias atuais como a cadeira e a cama objetos que já eram utilizadas pelos 'sapiens' desde antes do Império Romano mais de 400 a.C.

Diz Taleb (Pág 263, Anti-Frágil) "Leve em conta as tecnologias têxteis. Mais uma vez, as principais tecnologias que deram o salto para o mundo moderno não devem nada à ciência, de acordo com Kealy. Em 1733, John Kay inventou a lançadeira volante, que mecanizou a tecelagem; e em 1770, James Hargreaves inventou a fiandeira múltipla mecânica, mecânicas que mecanizaram a fiação, avanços de grande envergadura na tecnologia têxtil". Segundo Taleb foram incrementos empíricos baseados em tentativa e erro e experimentações de hábeis artesãos que estavam tentando melhorar a produtividade de suas fábricas, e, consequentemente, os lucros.

O livro está repleto de exemplos em vários campos do saber e da prática da vida, na medicina, na engenharia, na arquitetura, na economia e assim por diante. Comenta a observação de John Kay sobre o termo obliquidade - o uso da aspirina mudou diversas vezes - e indica o livro de Charles Bohuon e Claude Monneret intitulado "Acasos Fabulosos, História da Descoberta de Medicamentos; e Gás Hilariante - Viagra e Piptori. de Jie Jack Li.

Taleb é um crítico mordaz do academicismo e e da tecnologia corporativa de sistemas que, para ele, não servem para coisa alguma embora sejam estudados em escolas de Economia como, por exemplo planejamento estratégico que considera uma "conversa fiada supersticiosa". O livro é, também, uma leitura bem agradável e divertida diante dos exemplos que o autor coloca em cena, como o personagem Tony Gordo (e seu debate com Sócrates), o grande problema do peru de ação de graças diante do seu amigo açougueiro que o alimentou o ano todo para ser degolado, "A Lógica dos Cisnes Negros" - os burocratas engravatados das bolsas de valores que podem lhe levar ao caminho da fortuna ou da bancarrota; lições sobre a desordem; a história escrita por perdedores; quando duas coisas não são a mesma coisa e outros.

Vê-se, portanto, que estamos diante de um livro que prega conceitos (ou aletas) ao avesso e muitas das observações da Taleb são corretíssimas e bem usadas na vida prática. Ou como ele mesmo diz, não adiante a pessoa ter PhHs e doutorados, ser um sábio de artigos em revistas especializadas, defensores de teses e outros, que, na vida prática esses ensinamentos não servem para coisa alguma.

Coloquei esse comentário no contexto da "A Cadeira e o Algoritmo" porque o "Anti-Frágil" é uma lição de vida, uma boa oportunidade para você refletir e mudar alguns dos conceitos (ou preconceitos) que estão arraigados em sua mente . E ainda é possível a convivência entre as novas e as velhas tecnologias tendo o cuidado em manter tradições, seguir pelo com bom senso e não se impressionar com tudo o que é novo ou aparentemente novo, pois, muitas dessas inovações são garrafas de vento.

CAPÍTULO 13

O JEEP WILLYS DE MEU PAI E OS PADRÕES QUÁDRUPLOS

Aprendi a dirigir automóvel em 1965 e tirei minha primeira carteira de habilitação, em 1966. Com o fim da II Guerra Mundial apareceram à venda no interior da Bahia os Jeeps Willys de fabricação norte-americanas usados nos campos de batalha da Europa. Quando Roosevelt esteve no Brasil, no Rio Grande do Norte, para estabelecer uma base militar no Atlântico usou um desses jeeps com Getúlio Vargas. E, meu pai, em 1963, comprou um jeep desses com novo design para servir de utilitário, ir para sua fazenda que ficava distante da sede de Serrinha 20 km, percurso que fazia toda semana a cavalo,

O jeep, portanto, para ele foi um equipamento tecnológico da maior valia. Já estava com 53 anos de idade - se aproximando da velhice - nada melhor do que trocar a velha tecnologia - o cavalo - que servia de meio de transporte por um automóvel utilitário. Mas, não desprezou o animal de todo, pois, ainda o usava em sua fazenda. Como estou escrevendo a série "A Cadeira e o Algoritmo" para o site wattpad e mostrando a convivência entre as novas tecnologias e as velhas este é um bom exemplo. O cavalo sendo substituído pelo automóvel. E, posteriormente, pelas motos.

Havia, nesse caso, uma distinção bem valiosa entre o comportamento do meu pai – o uso de uma nova tecnologia para ter ganhos de tempo, transporte e comodidade – e o meu – o uso de uma nova tecnologia para paquerar as meninas na praça e fazer farras com meus amigos. Ou seja, são avaliações distintas de um mesmo objeto. O que, em certo sentido, vale até os dias atuais. A utilidade de um iPhone para um professor é diferenciada do uso de um iPhone para a filha adolescente do professor.

O tempo passou na janela – mais de 50 anos – as tecnologias avançaram, mas se observa que os campos utilitários são os mesmos.

Em nossa comunidade - desde a década de 1930 - circulavam os Ford de Bigode e os Chevrolet capôs pretos. Eu nasci em 1945 e alguns amigos de meu pai tinham esses carros, por serem mais ricos do que ele e por vaidade. Creio que meu pai poderia ter um desses carros – era comerciante, industrial de pequeno porte (tipografia) e pequeno fazendeiro - mas não teve. Ele se casou, em 1939 e sua vaidade era zero. Quando comprou o jeep considerou as probabilidades de ganhos e perdas nos negócios; e comodidade x risco. E não em colocar os filhos (4) no automóvel para passear. Nunca fez isso. Meu irmão nascido em 1940 e eu (1945) já morávamos em Salvador quando surgiu o jeep em nossas vidas, mas, na minha do que na dele.

Eu ia com frequência a Serrinha - era jovem - e nada melhor do que usar o jeep como objeto de status. Não considerava, portanto, as variáveis: ganhos x perdas; comodidade x riscos. E fiz muitas farras com o jeep e me dei bem com as girls. Se o carro quebrasse era meu pai quem mandava consertar e a gasolina era ele que pagava. Como isso entrava em sua contabilidade não tenho a menor ideia. Certa vez bati a frente numa parede e ele me disse: - Se amassar a lateral vou colocar uma porta de madeira. As portas e a cobertura do jeep eram de plástico resistente.

O tempo passou. Casei-me em 1972 e adquiri meu primeiro veículo. Meu então sogro fez um negócio de pai pra filho e vendeu-me baratinho um opala azul com marcha no volante. Era lindo. Senti-me o próprio. Aí entraram as variáveis de ganhos x perdas; comodidade x riscos. Ou seja, a manutenção do veículo e a sua utilidade eu é que administraria. E foi então que vim perceber o valor diferenciado do jeep para meu pai. A essa altura ele havia mudado para uma Variante, um utilitário mais confortável.

As tecnologias dos automóveis foram mudando com o tempo. Os Fords de Bigode eram ligados com uma manivela; os jeeps na ignição com a chave; e o opala as marchas eram na estrutura de suporte ao volante. No mais, tudo era igual para os usuários – freio, embrenhagem, marchas, botões de luzes, tanques de gasolina -, mas ocorreram várias mudanças nos motores, o que interessava mais aos mecânicos do que a nós. Salvo se essas mudanças representassem consumo menor de combustível por km/rodado.

Foram mais 20 anos até o surgimento de algo novo e que interessava mais diretamente aos usuários: o carro flat (álcool e gasolina) e o surgimento air bag. Foi um air bag que salvou minha vida em 2014. Eu tinha um Monza há mais de 20 anos e fui com a esposa (já estava casado pela segunda vez) para a posse do bispo de Jequié, dom frei Ruy Lopes, e na ladeira de Milagres subia na minha mão quando apareceu uma caminhonete. Tive que desviar para não bater de frente e entrei no fundo de um caminhão. Perda total do veículo. Os airb bags funcionaram e protegeram a mim e a minha mulher. Fui para num hospital porque mesmo com o air bag o volante atingiu meu tórax.

Até chegar para a classe média os carros com modestos sistemas computadorizados foram 57 anos de espera contando-se a partir de 1965 e até agora – estamos em 2022. Outra inovação foi o uso combustível a gás (desde 2010, Bahia, com maior intensidade) mas ainda são raríssimos os carros elétricos.

Veja o seguinte já que estamos falando de tecnologias. A China investe 600 bilhões de dólares numa estrada computadoriza ligando cidades pólo industriais e o Porto de Pequim; a Alemanha investe milhões de euros em estradas inteligentes computadorizadas e avança com carros elétricos, metrôs integrados a VLTs, e uso de bikes. A Espanha desenvolve a produção do Hiperloog um trem que se moverá dentro de um tubo (a vácuo) a 1.000 km por hora. E nós seguimos no atraso.

A nossa sociedade vai resistir ao atraso até quando? É impossível se prever isso. Algumas cidades do interior ainda usam carroças puxadas a burros no transporte de cargas, em áreas urbanas e rurais. Somos o Afeganistão e o Peru com suas lhamas. Salvador investe num sistema por ônibus BRT distante das novas tecnologias investindo quase R$1 bilhão do governo federal. Alguns conceitos precisam ser modificados no Brasil, urgentemente, senão ao invés da convivência das novas tecnologias com as velhas vamos ficar em harmonia das caducas tecnologias com as velhas.

Há duas distinções de padrões quádruplos: a cristã e a tecnológica. Na cristã, a Igreja usa quatro palavras em seu culto ao longo de sua história: Ajuntamento, Palavra, Mesa (ou Responso) e Envio. Por volta do século III, a Igreja Cristã tinha adicionado os elementos Ajuntamento e o Envio à Palavra e Mesa para estabelecer o culto quádruplo básico continuamos a usar hoje.

Em tecnologia, canal quádruplo aumenta a velocidade de transferência de dados que ocorre entre a memória DRAM e o controlador de memória, através da adição de canais de comunicação entre eles. Nas memórias DDR4 a multiplicidade de canais oferece um cache de 8 MB, quase o dobro da memória do que com apenas dois núcleos, e também melhora o desempenho da largura de banda quase o dobro dos canais de dois canais. Essa tecnologia é a mais usada atualmente nos computadores.

Vê-se, pois, como o homem transita sua existência entre esses dois pólos, harmonicamente. Oramos a ainda usamos carroças e carros e mais BRTs no padrão quádruplo das velhas tecnologias e usamos computadores e iphones de alta velocidade nas informações.

Capítulo 14

A TEORIA DE DARWIN CRIA O HOMUANISMO E PÕE FIM AO SAPIENS DIVINO

A maior descoberta do homem foi saber de sua existência - da palavra humanismo - um diferencial para os animais - os bichos. Esse extraordinário trabalho foi realizado e difundido pelo inglês Charles Darwin e outros na segunda quadra do século XIX. Um contemporâneo de Darwim, Alfred Russel Wallace, também já analisava, em 1858, as teorias relacionadas com a evolução biológica e o uso da teoria binária na botânica.

Esse é um dos temas mais difíceis de serem entendidos pelos brasis. Confesso que cheguei a fase adulta sem entendê-lo. Em todo período escolar intermediário e até mesmo no universitário – salvo para quem estudava biologia e medicina – as explicações para nós das teorias naturalistas de Darwin e do seu livro que mudou o pensamento do mundo "A Origem das Espécies" eram esparsas. A gente sempre ouvia falar desse assunto, mas não entendia ou se aprofundava sobre o tema. E ficava tudo vago entre a existência do homem a partir de Adão e Eva e a evolução da espécie.

Pouco importa ou tem uma importância significativa menor que, como disse Darwin, "a ideia estivesse no ar" no final do século XIX entendendo-se como um novo conceito pré-científico da história, pois, são encontradas na autobiografia de Darwin citações a Lyell, Auguste Pyrame de Candole e Maltus, e é público e notório que na viagem do Beagle (que passou por Salvador da Bahia quando Darwin esteve no Pelourinho e fez citações aos primórdios do nosso Carnaval do Entrudo e das bisnagas de limão) ele tenha levando consigo e lido os "Princípios da Geologia" de Lyell, e o Ensaio sobre o "Princípio da População" de Malthus.

Ou seja: Darwin procurava alicerçar seus estudos observando o que outros autores já haviam publicado e eram trabalhos científicos considerados relevantes.

Georges Ganguilhem, em "Estudos de História e de Filosofia das Ciências, concernentes aos vivos e à vida (Forens 103/104) diz que em "sua Histore de la Zoologie (1872, traduzida para o francês, em 1880), Vctor Carus insistiu na ligação sistemática - durante a primeira metade do século XIX - entre as expedições de navegação empreendidas para fins de reconhecimento geográficos e explorações dos naturalistas.

Portanto, analisando esse detalhe, a célebre viagem do Beagle é apenas um episódio complementar da história desses empreendimentos organizados pelos franceses inicialmente, pelos ingleses e russos, em seguida, e pelos norte-americanos, por fim. Já, ainda, inúmeras contribuições à morfologia zoológica e à botânica pelos exploradores, os administradores e os militares colônias da época vitoriana".

É diante dessas expedições e outros estudos, que Darwin modestamente fala que o assunto estava no ar desde meados do final do século XIX. Havia, em verdade, não uma corrida ou disputa entre eles, mas, contribuições que foram sendo dadas pelos acadêmicos de laboratórios e pelos naturalistas de campo, um desenrolar de contribuições espontâneas que não se falavam entre si, até porque, as tecnologias da época não permitiam essa troca de informações com rapidez. Demoravam-se meses, anos, para que isso se concretizasse ou se fundisse.

É provável que o primeiro embate entre darwinianos x clericais tenha se dado em 1860 durante o Congresso da British Association, com sede em Oxford, surgindo a expressão dando conta de que o homem derivava do macaco com base na teoria da concorrência vital e da seleção natural de Darwin.

São os conceitos de Darwin que vão estabelecer uma concepção nova entre humanidade e animalidade. E é a partir daí que vai surgir a psicologia nascente no final do século XIX uma vez que, como sustentou Darwin, não havia uma diferença fundamental entre os homens e os mamíferos mais elevados. A partir da teoria darwiniana essa diferenciação ficou clara com o psiquismo reservado aos humanos, condição que os animais não conseguiam atingir.

Em linguagem mais compreensível aos nossos leitores as diferenças estão no cérebros dos humanos e dos bichos. O homem fala, pensa, estuda, elabora, assimila (e várias outras adjetivações) e o macaco (considerado um dos mamíferos mais elevados) não tem esse poder completo.

É a teoria de Darwin (1836) que vai dar contorno ao homem psíquico (pensador) e sua existência sendo sustentada apenas no campo da ciência e não como um ente divinatório. No Ocidente, a Igreja Católica se aproveitou muito dessa condição do homem a partir da força de Deus (do divino) e adotou teologia associada a essa ação divina para crescer e ampliar o número de fieis..

A teoria de Darwin bagunçou esse coreto religioso - cristão, védico, islâmico, do povo de santo africano e outros - e mexeu e modificou a história, a antropologia, a sociologia, a psicologia, a medicina e vários campos da ciência, tudo isso graças a Teoria da Evolução Natural das Espécies tão polêmica até os dias atuais.

Segmentos religiosos ainda defendem a origem do homem nas concepções dos livros religiosos dos pensadores a.C. e d.C – a bíblia, o torá, o vedas, tamuld e outros. Mas, isso só para efeito de manter os seus rebanhos religiosos agregados.

A ciência, no entanto, trabalha e se baseia em experimentos e embora esse tema será extremamente complexo e discutido até os dias atuais (de onde viemos? E para onde vamos?), o conhecimento científico – como diz A.F.Chalmers (O que é a ciência afinal) – é o conhecimento provado. "A ciência é objetiva. O conhecimento científico é o conhecimento confiável porque é o conhecimento provado objetivamente", assegura Chalmers..

A teoria de Darwin, portanto, representou para a afirmação do humanismo - as novas tecnologias do pensamento - se firmando contra as velhas tecnologias - da criação do homem pelo divino - embate que se dá até os dias atuais. Ou seja, há uma harmonia entre os dois sentidos numa convivência que segue em debate sem uma sepultar definitivamente a outra.

É o que tenho colocado em "A Cadeira e o Algoritmo" esse permanente dualismo - a luta do novo contra o velho - um não eliminando o outro de todo e convivendo em harmonia até nos pensamentos científico e filosófico.

Capítulo 15

A CIDADE DE LISBOA, ONDE CONVIVEM O NOVO E O VELHO EM HARMONIA

Os meus leitores que tiveram a coragem de ler os primeiros capítulos de "A Cadeira e o Algoritmo" livro que estou publicando no site de literatura Wattpad.com certamente estarão em melhores condições do que os outros na leitura deste capítulo 15, para acompanharem a narrativa cuja temática abordada é a convivência harmônica entre as novas e as velhas tecnologias.

Como é possível no mundo atual da robótica, da TI (Tecnologia da Informação) e da IA (Inteligência Artificial) que estão modificando o comportamento do 'sapiens' no planeta sobreviver a esse turbilhão de inovações que seifa milhões de empregos e profissões e vai criando outros campos de trabalho - não tanto quanto os que vão ficando na estrada - e têm gerado uma série de problemas nas administrações das plantas produtivas e ampliado questões de natureza psicológica das mais diversas, tanto que a depressão já foi considerada a doença do século.

No capítulo 14 abordei o emblemático livro de Charles Darwin sobre "A Origem das Espécies" trabalho científico que, praticamente, criou o humanismo e diferenciou os homens dos animais, sepultando a tese teológica de que o homem fora uma criação divina, a partir do barro e a mulher da costela de Adão. E não cheguei a nenhuma conclusão - nem poderia chegar - diante de tema tão complexo, encerrando o capítulo mostrando que o desafio do século XXI é harmonizar essas duas convivências, do significado e do significante, do ser próprio e do Outro, nessa permanente luta do consciente com o insconsciente, largamente estudado por Freud, Jung, Lacan e outros psicanalistas e psiquiatras.

Recentemente estive em Lisboa, capital de Portugal, cidade que entendo sua população consegue administrar o novo com o velho sem perder a ternura, sem se apavorar, sem correria, não que inexistam preocupações e questões que afetam a psique, mas sem que o governo central apresse o passo para eliminar as velhas formas de viver e adotar somente os modelos novos baseados no uso da internet e da robótica.

Por posto, hospedei-me num flat na praça Dom Luis I, o Building Lisbon que opera sem humanos salvo camareiras. Tudo o mais é realizado pela internet desde a reserva, o acesso ao local, o elevador, o corredor dos apartamentos e o quarto em que se hospeda. Há, na entrada do flat um aviso em banner metálico escrito em 3 línguas - português, inglês e francês - dando as boas vindas aos hóspedes e como proceder.

Os hospedes recebem um código pela internet assim que fazem a reserva e ao chegarem no flat acessam um painel onde retira o cartão magnético que dá acesso ao elevador e ao apartamento. No check-out previamente acertado deixa o cartão magnético no painel e bye-bye. Não há humanos sequer na portaria para dar boas vindas.

Veja o seguinte: em 2019 me hospedei neste mesmo flat e havia uma equipe de pessoas para dar boas vindas aos hospedes e levá-los até o apartamento mostrando, em seguida, como funcionava o fogão elétrico à disposição da família - copos, talheres, geladeira, cafeteira, etc. E, na portaria, 2 seguranças atuando dia e noite. Pois bem, dois anos depois, esses empregos desapareceram e tudo ficou automatizado.

A família que se vire e abasteça o flat com produtos que gosta para o café da manhã e lanche à noite. Nas proximidades do flat há o Mercado da Ribeira, um supermercado e vários mercadinhos de indianos.

Em Lisboa ainda existem dezenas de pensões familiares cujas reservas são feitas pela internet, porém, é a família que recebe os hospedes, o café da manhã é servida a moda portuguesa e algumas delas têm porteiros à noite toda e outras chaves normais de portas. E há os hotéis estrelados também com atendimento presencial. Ou seja, convive-se, assim, o novo com o velho.

Um outro exemplo expressivo dessa relação - gravei um vídeo para meu canal do YouTube, Sêo Franco, abordando esse aspecto - está nos sistemas de transportes - público, privado e para turistas.

Lisboa moderniza-se, mas, não a ponto de eliminar seus históricos pequenos bondinhos que já foram movidos por burros e cavalos e há mais de uma centena de anos são elétricos, o que já existiu na cidade do Salvador desde o final do século XIX, depois os bondes elétricos nas décadas de 1940/1960 que faziam grande sucesso e atendiam linhas que se estendiam até a Barra e ao Rio Vermelho e foram retirados do mapa, sendo o único vestígio deles, ainda existente, uma pequena linha de trilhos na rua da Misericórdia posto a exposição pública nos primórdios do século XXI, gestão do prefeito Antonio Imbassahy.

Lisboa, no entanto, mantém os bondinhos no Rossio, na Alfama, na Mouraria, na Baixa Pombalina, no Campo do Ourique, em Prazeres, na Misericórdia, no Carmo, na Marques de Pombal, com várias linhas usadas com muita frequência pela população. E, em contraste, com uso de novas tecnologias roda o VLF - Veiculo Leve Sobre Trilhos - em vários trechos da cidade, alguns deles, convivendo com os bondinhos.

É, provavelmente, um caso único na Europa o que remete, também, a São Francisco, na Califórnia, onda ainda existem, também.

A população da capital portuguesa é servida por um metrô moderno com bilhetes vendidos em máquinas automatizadas e em guichês com humanos, trens metropolitanos e táxis com novas tecnologias especialmente os veículos Citroen, Renault e Mercedes importados da França e da Alemanha. Portugal não tem indústria automobilística dada a sua dimensão e população - 10 milhões de habitantes - menos 5 milhões do que a Bahia, Lisboa com 2.2 milhões de pessoas na rua Região Metropolitana e na planta central, histórica, pouco mais de 550 mil habitantes.

A população também utiliza ônibus com carrocerias tradicionais movidos a gás, os elétricos movidos com bateria de lítio e os a óleo diesel que estão sendo quase todos substituídos. Os antigos elétricos com aqueles imensas hastes presas a uma rede de fios como havia em Salvador, na cidade Baixa, nas décadas de 1960/1970, desapareceram dando lugar aos elétricos mais modernos e silenciosos sem as hastes metálicas e movidos a bateria.

Há, portanto, uma harmonização, entre o novo e o velho extensiava, ainda, na área do turismo aos 'charriots' - Elevador da Santa Justa e os planos inclinados da Bica e do Carmo nos modelos antigos, e os veículos Tesla chamados de "Tuk Tuk" - parecidos com os que existem na Praia do Forte - modernos, elétricos, com vários tipos de modelos para atender grupos de 6 a 8 turistas, 4 turistas e 2 turistas, a depender das famílias. Atualmente, surgiu um novo modelo tipo cross que parece uma tartaruga ninja para casais.

Lisboa é uma cidade com dois planos - a Baixa Pombalina e o bairro Alto - idêntica a Salvador com as duas cidades - a Baixa (a Península de Itapagipe) e a Alta, mas, seus ascensores, com custo médio de 5 euros por passagem ida e volta (R$35,00) são usados apenas pelos turistas. O uso dos "Tuk-Tuk" é feito com preço negociado valendo a pechincha que, é um modelo das velhas tecnologias - pechinchar, barganhar ao pé do ouvido - e, ao mesmo tempo usar um Tesla (novas tecnologias). Isso se chama harmonização, humanização. E, provavelmente, por isso, Lisboa seja uma cidade tão querida e desejava para se morar.

Na complementariedade desses sistemas de transporte a população com maior poder aquisitivo adquire os veículos com novas tecnologias da Renault, Piegeot, Mercedes, Toyata, Fiat, Citroen, numa oferta ampla de marcas. E, aqueles de menor poder aquisitivo usam bikes e patinetes - este último muito em moda - usado pelos locais e pelos turistas em sistema com uso de aplicativo pelos celulares. Detalhe: você pode deixar a patinete em qualquer lugar da cidade (não necessariamente numa base) assim que o seu tempo de uso pago for concluído.

E, há, ainda, os ônibus para turistas com guias em três rotas operadas pelo Lisboa Sightseeing: a linha azul, a linha vermelha e a linha roxa. Com um único bilhete, você pode usar qualquer uma delas por 24h ou 48h, a depender da sua escolha. O valor sai por 26,50 euros (24h), ou 30,11 euros (48h).

Vê-se, pois, que em Lisboa há 12 a 15 tipos diferentes de transportes onde se mesclam as novas tecnologias com as velhas e não existem sinais de que, os administradores públicos, queiram por fim aos bondinhos, o famoso elétrico.

Essa situação é extensiva também as casas de fado, aos restaurantes, bares e tendas familiares onde os preços podem ser acertados via internet ou no pé do ouvido. Algumas casas de fado e restaurantes caseiros não recebem cartões e o pagamento tem que ser feito no efetivo. Parece estranho, mas é assim que funciona, na pechincha. E na Feira da Ladra com 750 anos de existência a pechincha corre solta. Já no Mercado da Ribeira - centro gastronômico mais importante da cidade - só aceita pagamento em cartões.

Assim posto, seria esse modo de vida tão singular que faz de Lisboa (e de Portugal) um país tão almejado pelos estrangeiros com poder aquisitivo elevado e/ou gorda aposentadoria para morarem? É provável que sim. Não há uma resposta única para esta questão, mas, certamente, esses pontos pesam e muito, levando-se em consideração, ainda, a paz de espírito, a não violência, a hospitalidade.

Novas tecnologias convivendo com as velhas, significado e significante caminhando juntos, o Eu e o Outro próximos, os brasileiros amam Portugal e Lisboa, em particular. Já são mais de 100 mil vivendo espalhados pelo país e mais ingleses, norte-americanos e alemães. Mas, óbvio, não dá para todos e existe, também, a miragem, a perspectiva do não emprego, e, nem o mundo nem o Brasil, percentuais que fossem, 10% digamos, caberiam em Portugal. Do mundo, 10% da população seriam 800 milhões de pessoas; e do Brasil 10% um total de 22 milhões de brasis. E Portugal, hoje, abriga 10 milhões de almas.

Mais tantas milhões de almas por lá inviabilizaria essa harmonia. Nós, o mundo, é que temos que implantar os nossos modelos e não embarcarmos de cabeça na máquina usurpadora das novas tecnologias. Ela é voraz, devastadora, dinâmica, atroz, mas, pode ser parcialmente controlada para não sermos um mundo de robôs, simplesmente.

Tenho prazer ainda de assar uma picanha na brasa soprando o fogo com o ar dos meus pulmões.

Capítulo 16

FIM DO DINHEIRO VIVO E A ERA CARTÕES, PIX E CELULARES

No capítulo 15 do meu novo livro "A Cadeira e o Algoritmo" que venho publicando no site de literatura Wattpad.com mostrei como a população da cidade de Lisboa, Portugal, convive bem - em harmonia - as novas tecnologias com as velhas, especialmente nos sistemas de transporte, na hotelaria, nas casas de fado e nos restaurantes familiares, alguns dos quais ainda só recebem a conta em dinheiro vivo, efetivo.

Ao tempo em que, no Mercado da Ribeira, ponto gastronômico mais badalado da capital portuguesa, as contas só podem ser pagas nos cartões. Dinheiro vivo não é aceito. Não vale nada.

Esta é uma questão que analisamos agora. O dinheiro - papel moeda e as moedas metálicas, conhecidas em inglês como coins - vão desaparecer do mercado internacional na troca de mercadorias e serviços ou vão resistir?

Uma resposta que ainda não temos, em definito. É provável, assim como aconteceu com a previsão do "O Fim da História e o Último Homem", de Francis Fukuyama - The End of History and the Last Man - livro publicado em 1992 expandindo seu artigo The End of History - e que tantos debates provocaram, resistirá em algumas localidades, mas, desaparecerá por completo - como já está acontecendo - nas transações comerciais e industriais de maior vulto e no comércio e serviços mais simples, como são os casos nos transportes por ônibus e metrôs das cidades internacionais.

O dinheiro e moedas metálicas são um dos mecanismos de troca dos mais antigos da humanidade - estima-se que no século XI a.C. o cauri, uma concha de praia também chamado de zimbo ou búzio já era usada na compra e venda de mercadorias. Em Angola e na Costa dos Escravos (atuais Benim, Togo e Nigéria) era a moeda mais aceita pelos comerciantes.

O dinheiro em papel moeda que ainda usamos nos dias atuais teria surgido na China, dinastia Tang (que se estendeu de 618 a 907 d.C.). No Séc. XIII, o navegador veneziano Marco Polo visitou a China e fez as primeiras descrições ocidentais com relação ao papel-moeda em forma monetária.

E as primeiras moedas, tal como conhecemos hoje, peças representando valores, geralmente em metal, surgiram na Lídia (atual Turquia), no século VII a. C. Eram artesanais e feitas em forjas e na base de marteladas, em primitivos cunhos. São bem conhecidas as moedas do Imprério Romano com imagens dos césares.

Importante salientar, no entanto, é que o dinheiro nas formas de papel moeda e moedas metálicas está desaparecendo e os cartões magnéticos antes usados apenas nas lojas do comércio já são utilizados em todos os locais - hotelaria, restaurantes, transporte, cinemas, museus, cafés, numa infinidade de locais.

Lembro que, quando iamos para a Europa nas décadas de 1970/1980, no momento em que passávamos pela alfândega nos aeroportos exigiam-se de nós a apresentação do passaporte, o local onde se ficaria hospedado e se tínhamos dinheiro, obrigando-nos a mostrar os valores que levávamos malocados em pochetes presas à barriga e bolsos falsos colados a cueca.

Dinheiro vivo era uma credencial. Quem não tinha poderia ficar barrado. E ficava. No aeroporto de Madrid e em Heathrow (Londres) eram comuns brasis recambiados de volta porque não mostraram o hotel em que se hospedariam e o dinheiro que levavam para gastar.

Hoje, isso ainda persiste em alguns locais, porém, o que vale mais é o cartão Visa, de preferência com o indicativo, infinite. Ou seja, com crédito amplo.

É possível, portanto, se fazer uma viagem Salvador-Lisboa, por exemplo, com pouco dinheiro efetivo, todas as despesas sendo creditadas no cartão desde a compra dos bilhetes - ida e volta - da empresa aérea, reserva de hotel pelo Booking.com um site internacional onde os cidadãos podem reservar acomodações para férias ou viagens, disponível em 43 idiomas, que oferece aproximadamente 1,07 milhão de locais para se hospedar. Booking.com é uma divisão da Booking Holdings.

No caso de hospedagem não é o único. O AirBnb - empresa norte-americana que opera um mercado online de hospedagem, principalmente casas de família para aluguel por temporada e atividades de turismo - tem sede em San Francisco, Califórnia, a plataforma pode ser acessada via site e aplicativo móvel, de Salvador ou qualquer outra parte do mundo.

Ou seja, antes de você viajar para o exterior, os créditos já são debitados em sua conta bancária, do traslado aéreo e da hospedagem.

Na minha última viagem a Lisboa, recentemente, fiquei hospedado no Building Lisbon um flat da praça dom Luis I que não opera com humanos. A reserva é feita pelo Booking e quando você chega no hotel já leva consigo um código no telefone celular para acessar o local onde se encontra o cartão magnético que dá acesso ao elevador e ao apartamento. Com esse cartão entra-se e sai-se do flat sem falar com ninguém, sem ser atendido por ninguém.

Curioso é que, na primeira vez que me hospedei neste flat em 2019 havia um receptivo com humanos (RP) que nos levava ao apartamento e mostrava como ligar a TV, como funcionava o fogão elétrico, como acionar a cafeteira e outros equipamentos, além de dar as boas vindas. E, havia, na portaria vigilantes e pessoas que davam outras informações.

Agora, dois anos depois, esses empregos desapareceram. Tudo está automatizado, robotizado, obedecendo as leis do mercado da 4ª Era Industrial, da TI e IA.

E como isso é possível de ser feito - avião, hotel, restaurante, farmácia, etc - apenas com cartões - o magnético para abrir portas e o de crédito para pagar as contas?

Graças ao algoritmo. No momento em que você chega no Marlene Vieira, restaurante do Mercado da Ribeira, e solicita uma taça de vinho e um polvo lagareiro, com total de despesas 20 euros, ao passar o seu cartão de crédito, em segundos, o algoritmo envia uma mensagem para o banco onde você tem conta corrente no Brasil e é feito um crédito transferência de sua conta para a de Marlene Vieira que, também em instantes, recebe o valor debitado.

Isso só é possível graças a um imenso banco de dados e uma rede de satélites (afinal, você está do outro lado do Atlântico, a mais de 6 mil km de distância) e há um custo cobrado pela operadora além do IOF. Todos ganham, evidente. O cliente, óbvio, paga. Mas, ele também ganha na medida em que não precisa ter dinheiro vivo no bolso e correr o risco de ser assaltado.

Não precisa dizer que cada cartão tem um código, uma senha, reservada a cada pessoa. Você só não pode é perder o cartão ou ficar 'drunk' e esquecer a senha na hora de digitar os 6 números do seu código. Nos cartões de aproximação dependendo do valor não são necessários digitar códigos. Esquecer o código acontece com frequência maior do que se imagina.

Aí é que entra o dinheiro vivo, da algibeira, do bolso do colete. E isso se chama a harmonia entre as novas tecnologias e as velhas. E, não só em Lisboa, mas, em vários locais do Brasil e do mundo ainda só se recebe as contas em dinheiro vivo.

Outro exemplo em Lisboa: alguns restaurantes populares familiares ainda só recebem as contas em dinheiro vivo, o mesmo acontecendo em algumas regiões do Brasil.

Recentemente, no Brasil, implantou-se o PIX, um meio de pagamento eletrônico instantâneo, gratuito e com segurança. A iniciação de um Pix para uma pessoa física é gratuita. Foi lançado em 2020 e funciona 24 horas, sete dias por semana. Suas chaves de transação (conhecidas como chaves Pix) podem ser cadastradas utilizando os números do telefone celular, CPF ou CNPJ, endereço de e-mail do usuário, também é possível gerar uma chave aleatória (sequência alfanumérica gerada aleatoriamente) para aqueles usuários que não desejam vincular seus dados pessoais à chaves Pix.

A chave Pix permite que o sistema (SPI) identifique os dados da conta transacional (que é uma conta de depósito à vista, conta de poupança ou conta de pagamento pré-paga). O SPI (Sistema de Pagamentos Instantâneos) é a infraestrutura centralizada onde são liquidadas as transferências de fundos comandadas pelos usuários do Pix.

O nome escolhido pelo Banco Central é um termo que remete a conceitos como tecnologia, transação e pixel. A ideia é ser tão simples como um bate-papo em redes sociais, inclusive no nome. O Pix não é uma criptomoeda, mas sim um meio de pagamento instantâneo. As transações são feitas em real brasileiro.

Pronto: você toma uma água de coco no calçadão da Barra que custa R$3,00 e paga no PIX ou o caldo de cana do Gil (R$5,00 o de 500 ml) e pode pagar no PIX, Elo, Visa, Hipercard e também pagamento com código no celular.

Também, hoje, é possível colocar o seu cartão de crédito/débito no iPhone. Há uma série de aplicativos para cadastrar um cartão na sua conta ID Apple e ainda pode manter a sua conta do iCloud sem inserir nenhum método de pagamento e baixar aplicativos e conteúdos gratuitos da App Store ou da iTunes Store.

É simples: agora, você não precisa levar consigo o cartão, apenas o celular. Comprar conteúdos pelo iPhone depende de sua capacidade financeira, tem centenas deles, extensivo também a compra em lojas, supermercados, pizzarias e assim por diante.

Caso você possua um Mac e utilize o macOS 10.14 Mojave ou anterior é com este mesmo cartão de crédito cadastrado na sua conta do iCloud que você vai poder alugar ou comprar músicas, livros, filmes, séries ou podcasts através da iTunes Store. Já Macs com o macOS 10.15 Catalina ou posterior, o mesmo cartão que você cadastrar no seu iPhone te dará direito a usufruir dos serviços de assinatura descritos acima.

Vocês veem, portanto, que o dinheiro vivo e as moedas metálicas estão com os dias contados. Quais dias serão esses? Não saberia dizer. Fui andar domingo último, em Ondina, bairro de Salvador e paguei o coco gelado no PIX.

Canto, então, Martinho da Vila: Dinheiro, pra que dinheiro/ Se ela não me dá bola/ Em casa de batuqueiro/ Só quem fala alto é viola. Sábio esse Martinho.

E Homnero Ferreira compositor de marchinhas de Carnaval, falecido em 2015, cantava na década de 1960: Ei, você aí/ Me dá um dinheiro aí/ Me dá um dinheiro aí/ Não vai dar?/ Não vai dar não/ Você vai ver a grande confusão/ Eu vou fazer, bebendo até cair/ Me dá, me dá, me dá/ Oi, me dá um dinheiro aí.

Hoje, com todo respeito a Homero é de se dizer: me dá um cartão ai/ me dá um PIX aí.

CAPÍTULO 17

AS PRIMEIRAS MOEDAS QUE CIRCULARAM NO BRASIL

No capítulo anterior abordamos em nosso novo livro "A Cadeira e o Algoritmo" - a convivência entre as novas tecnologias e as velhas - publicado na Editoria de Cultura do Bahia Já e no site de literatura Wattpad.com o tema "O Fim do Dinheiro" - ou pelo menos o dessuso em 80% do papel moeda e das 'coins' as moedas metálicas - diante do avanço dos cartões, PIX e outras formas de pagamentos e recebimentos eletrônicos.

Sentimos, no entanto, que o assunto não se encerrou e é amplo mais do que a gente pode supor no planeta Terra e na cultura brasileira, desde a Colônia, sendo objeto valioso na identidade nacional e tema de várias composições musicais, as quais, no fundo, revelavam um modo de vida dos brasis; e, além disso, está na literatura, nas artes visuais, no cinema e sobretudo na vida cotidiana das pessoas, o que é mais importante.

O dinheiro (moedas metálicas) na forma em que conhecemos existe desde a época da implantação do regime colonial português no Brasil, com estrutura mais organizada a partir de 1549, na Bahia, e a instalação da sede do governo Geral em Salvador com máquinas de poder burocratizadas no Judiciário e na Economia, além da Militar. Isso, originalmente, aconteceu no reinado de dom João III, filho de dom Manuel, o Venturoso. O Brasil foi descoberto por Pedro Álvares Cabral na gestão de dom Manuel, o qual governou Portugal até 1521.

Os portugueses trouxeram a moeda metálica real - popularizado como réis - que, já circulava no Reino como unidade de valor monetário na troca de mercadorias desde 1430, prevalecendo até 1911, quando a monarquia caiu. Esta moeda foi utilizada em todas as colônias portuguesas nos séculos XVI, XVII, XVIII e XIX.

Há vários museus de numismática no mundo - Berlim, NY, Atenas, Londres, etc - a ciência que se dedica ao estudo das medalhas e moedas; numária ou numulária e, em Lisboa, há o Museu Numismático Português, 1933. Sua origem - estudos - datam de 1777 em aviso oficial assinado pelo Marquês de Pombal, decretando que se começasse a recolher um espólio de moedas e medalhas feitas a partir de diferentes variedades de metais e provenientes de todo o mundo.

Em Lisboa, os visitantes deste museu podem desfrutar de parte de um espólio que conta com cerca de 9.500 medalhas e 35.000 moedas que incluem a coleção numismática do Rei D. Carlos I, desde 1910, transferida para a Casa da Moeda devido à Implantação da República.

Em Salvador da Bahia, a terra que vivo, há, no Pelourinho, o Museu Eugênio Teixeira Leal e, nele, uma ala de numismática - que mais nos interessa - com réplicas das primeiras moedas que circularam na Colônia e uma exposição didática da origem do dinheiro até os dias atuais. Vê-se, nesta expo, objetos - como uma argola metálica - que era usada como moedas no Egito antigo - moedas originais da Europa medieval e do Império Romano, papéis moedas do Brasil - as duas famílias do Real - prensas de cunhar moedas e os diferentes papéis moedas usados no Brasil desde 1942 até hoje.

Desde a independência, em 1822, o Brasil já teve nove trocas de padrão monetário e sete moedas. Dos réis ao real, o motivo de tantas trocas era um só: a inflação. Depois dos réis, que ficaram mais de 400 anos em circulação, o real é a segunda moeda com mais tempo de circulação, 28 anos.

A primeira mudança no padrão monetário aconteceu em 1942 quando foi instituído o Cruzeiro para unificar 56 tipos diferentes de cédulas que circulavam no país. Um cruzeiro (Cr$1,00) equivalia a mil réis (Rs 1$000). Seguem as mudanças: Cruzeiro (Cr$) 1942/1967; Cruzeiro Novo (NCr$) 1967/1970; Cruzeiro (Cr$) 1970/1986; Cruzado (Cz$) 1986/1989; Cruzado Novo (NCz$) 1989/1990; Cruzeiro (Cr$) 1990/1993; Cruzeiro Real (CR$) 1993/1994; e Real (R$) - de 1994 até os dias atuais.

O papel moeda só começou a circular, em Portugal, no ano de 1796, no reinado de D. Maria I. Assegura-se que, a decadência da exploração das minas de ouro do Brasil e o aumento dos encargos do Estado estiveram na origem do aparecimento do papel moeda. É a tal história de rodar a manivela. Ou seja: imprimir dinheiro, era bem mais fácil e barato do que cunhar moedas.

Os mais antigos, como eu, ainda vimos a circulação dos réis, tostões, cruzados e outros. Quem possuía muitos contos de réis era rico. Tinha um vendedor de perfume na minha cidade que mercava: a mil réis a grama, 10 tostões quando acaba. Vendia perfumes - que ele mesmo produzia - nuns frasquinhos pequenos.

O dinheiro estava na boca do povo e ajudou na construção da identidade nacional com as composições musicais - em especial, no sambe e nas marchinhas carnavalescas. Traços da vida quotidiana, eventos sociais e políticos, mudanças na moral, nos valores culturais e em representações econômicas.

O dinheiro era o tema central na música popular. No Brasil, a divisão de classes sociais bem distintas, desde a Colônia, estabeleceu-se essa dicotomia entre ricos e pobres. E entravam de bolo as questões voltadas para o trabalho, gênero, amor, a malandragem, a picardia. Na música exaltava-se que, não eram só os ricos as pessoas felizes. Havia um modo de vida e de felicidade que existia com pouco dinheiro, mas, sem perder o sonho de ficar rico.

Getúlio Vargas estava tão preocupado que o brasileiro pudesse estar desenvolvendo uma ética da malandragem que, durante a ditadura do Estado

Novo (1937-1945) o governo decidiu intervir, por meio do Departamento de Informação e Propaganda (DIP), seu órgão de censura, no sentido de proibir músicas que exaltassem a malandragem, ao mesmo tempo em que premiava aqueles que exaltavam o trabalho (Oliven, 1989).

O samba floresceu ao longo dos anos 1920, amadureceu durante a década de 1930 e torno-se hegemônico nos anos 1950. Junto ao chorinho e à marcha carnavalesca, formou o que se tornou conhecido como MPB, ou Música Popular Brasileira (McCann, 2004; Sandroni, 2001; Vianna, 1995).

A canção "O Pé de Anjo", marcha de carnaval, gravada em 1920, foi um dos grandes sucessos de Sinhô. Em seus versos, o "Rei do Samba" cantava sobre mulher e dinheiro: A mulher e a galinha/ São dois bichos interesseiros/ A galinha pelo milho/ E a mulher pelo dinheiro

Em "Acertei no milhar", samba escrito por Wilson Batista e Geraldo Pereira, gravado em 1940, tirar a sorte grande representava um ideal de salvação: Etelvina, minha filha!/ Jorginho? Que há, Jorginho?/ Acertei no milhar/ Ganhei 500 contos/ Não vou mais trabalhar/ E me dê toda roupa velha aos pobres/ E a mobília podemos quebrar/ Isso é pra já/ Passe pra cá.

Muitas dessas canções são, hoje, apenas, objetos de estudos. Ninguém canta mais.

Será que todo esse caldo de cultura vai desaparecer com o avanço e uso dos cartões, do PIX e das novas formas de pagamentos e recebimentos eletrônicos?

Pelo menos na poética não sei de algum compositor que esteja trabalhando esse tema cartões como os antigos compositores tratavam do dinheiro. Recentemente, Martinho da Vila versou: dinheiro, pra que dinheiro/ Se ela não me dá bola/Em casa de batuqueiro/ Quem manda alto é viola.

Não se trata de saudosismo, mas, quem visita o Museu Eugênio Teixeira Leal pode verificar as prensas antigas de fazer dinheiro, as máquinas do ex Banco Econômico, balcões, escrivaninhas, moedas do Egito e de Atenas; moedas do Império Romano e uma réplica da primeira moeda que circulou no Brasil Colônia, 1549.

E, ao mesmo tempo se assusta ao transitar pela Av Sete em direção ao

Pelô e vê os anúncios das lojas com mercadorias - valores - em dinheiro e nos cartões. Até as baianas do acarajé recebem no PIX ou nas maquininhas amarelas. As moedas e cédulas - de fato - estão ficando cada vez mais restritas aos museus.

Quando essa convivência entre as novas tecnologias (cartões, PIX, etc) e as velhas (moedas e cédulas) vai acabar de uma vez por todas é um enigma. Pode ser que nunca. Assim como o livro em papel impresso não morreu de vez diante do livro on-line, as moedas e as cédulas vão durar eternamente.

CAPÍTULO 18

O TREM MARIA FUMAÇA E O HYPERLOOP A 1.000KM POR HORA

Nos dois últimos capítulos de "A Cadeira e o Algoritmo" abordamos o provável fim do dinheiro como conhecemos - moedas metálicas e cédulas - dando lugar aos cartões, PIX, bitcoins, criptomoedas e outras formas eletrônicas monetárias. Desde que o 'sapiens' deixou de ser caçador-coletor e se organizou em comunidades agrícolas surgiram as produções de alimentos e manufaturados excedentes para negócios e o vil metal, o dinheiro, foi inventado. Lá se vão mais de 12 mil anos e nessa nova era industrial, da inteligência artificial, moedas e cédulas estão desaparecendo do mercado.

Hoje, vamos falar de outro elemento - o trem, a locomotiva - bem mais moderno do que o dinheiro surgido na segunda era industrial, início do século XIX, Inglaterra, 13 de fevereiro de 1804, pelas mãos do engenheiro Richard Trevithick. Nessa data, 5 vagões carregados com 10 toneladas de carga (ferro) e 70 passageiros, percorreram trajeto de 14,5 quilômetros em quatro horas, sobre trilhos. Em 1814, o inglês George Stephenson ampliou a locomotiva, com oito vagões conduzindo 30 toneladas, dando início à era das ferrovias.

O 'sapiens' já tinha descoberto a roda há milênios, os romanos colocaram aros metálicos para reforçar suas estruturas carroçáveis nas conquistas pela Europa, o exército napoleônico, no século XIX, fez o mesmo para estruturar melhor as carroças que conduziam os canhões, daí, para se chegar ao trem foi um pulo. Diminuiu-se o tamanho da roda, agora só de ferro, juntaram-se várias delas num trilho - estrada exclusiva - e engataram-se vagões uns nos outros, inicialmente no transporte de minérios nas minas com os equipamentos puxados por cavalos ou burros.

Já havia, no entanto, máquinas a vapor desde o século XVIII usadas em algumas operações de mineração. O aperfeiçoamento dessas máquinas por James Watt (1736-1819) revolucionou a atividade industrial, fomentando a criação de equipamentos especializados na mineração, na indústria e nos transportes. Todas movidos a carvão dispensando o uso da força de pessoas ou animais.

O mecanismo era complexo: com a queima de um combustível (carvão, lenha, etc) obtinha-se vapor de água, que percorria um circuito até chegar a um cilindro. Dentro do cilindro, o vapor de água empurrava um pistão, que, ao se deslocar, movia uma roda.

O trem, assim como qualquer máquina a vapor, utilizava a pressão do vapor para produzir movimento. Na locomotiva - o combustível usado era madeira ou carvão - que queimava num forno produzindo vapor.

A alta pressão do vapor empurrava o pistão dentro do cilindro e esse movimento era transmitido para as rodas.

O passo seguinte foi ampliar o uso dos trens como meio de transporte de passageiros e de carga no perímetro urbano das grandes cidades e entre estados e países. O London Underground (metrô) teve as operações iniciadas em 10 de janeiro de 1863, com 30 mil passageiros já no primeiro dia de transporte. Atualmente, com 302 estações, mais de 5 milhões de pessoas usam o sistema diariamente para cruzar a cidade.

Eu nasci numa cidade - Serrinha, Bahia - que experimentou o trem em 1880 quando ainda era vila e houve uma transformação radical na sociedade com o ingresso dessa nova tecnologia que aposentou o grupo de tropeiros que abastecia a localidade com mercadorias que eram conduzidas por burros a partir de Salvador, numa distância (180 km) que era percorrida em 8 dias, salvo intempéries. O trem encurtou a distância para a capital para 6 horas e trouxe a engenharia, a medicina, a hotelaria, a moda, o saber, e mudou o perfil de uma sociedade patriarcal rural para urbana.

Tive oportunidade de conhecer na década final de 1940 e nos anos 1950 as locomotivas apelidadas de Maria Fumaça - e uma delas, a 500, explodiu na estação diante a excessiva pressão na caldeira que estava com a válvula de escape que produzia a fumaça fechada - e a evolução para as locomotivas à diesel, hoje, ainda usadas.

O Brasil, no entanto, parou no tempo na modernização do seu sistema ferroviário enquanto outros países aceleraram o passo nessa direção. O Japão tem 2.000 km de trens balas. Na época do governo Dilma Rousseff anunciou-se um trem bala entre SP e Rio que nunca saiu do papel. A cidade que moro - Salvador - só veio ter metrô recentemente quando o underground de Londres já tinha completado 150 anos de existência.

Sabe-se que um inventor inglês chamado George Medhurst propôs, há 200 anos, colocar veículos dentro de tubos de vácuo para reduzir as perdas aerodinâmicas. Cem anos depois, na Rússia, o professor Boris Weinberg começou a investigar como levitar o transporte magneticamente para reduzir as perdas por atrito geradas nos trens em contato entre a roda e o trilho. Os trens mais modernos operam assim, levitando, e não têm mais rodas.

Atualmente, algumas empresas estão se apropriando da ideia de Medhurst. Entre elas está a valenciana Zeleros, Espanha, que desenvolve um sistema de transporte sustentável para viajar a velocidades de até 1.000 quilômetros por hora, com custos reduzidos de energia e infraestrutura.

O ponta pé inicial ao projeto deu-se em 2016 quando 5 estudantes da Universidade Politécnica de Valencia fundaram a equipe universitária Hyperloop UPV com o objetivo de participar da competição dirigida por Elon Musk, CEO da empresa aeroespacial SpaceX, que convocou engenheiros de todo o mundo a propor ideias sobre um novo meio de transporte revolucionário.

Os engenheiros aeronáuticos Daniel Orient, Germán Torres e Ángel Benedicto e os industriais David Pistoni e Juan Vicén embarcaram no projeto, acompanhados pelo professor Vicente Dolz, especialista em mecânica dos fluidos.

O Hyperloop UPV viajou para o Texas - onde foi realizada a competição - e ganhou o prêmio de Melhor Design e Melhor Sistema de Propulsão. Com este reconhecimento internacional, abriram-se as portas a outras empresas e organizações interessadas em apoiar o projeto, incluindo a Nagares e a Altran.

Daniel, David e Juan fundaram a empresa Zeleros para levar o desenvolvimento a um nível comercial e criaram o primeiro protótipo do 'Hyperloop' espanhol, ou Atlantic II. Desenvolveram o primeiro tubo de ensaio na Espanha com extensão de 12 metros localizado no Politécnico e, em julho passado, apresentou seu segundo protótipo em Los Angeles (Califórnia), chamado Valentia.

Segundo o CEO da empresa, David Pistonii, seu objetivo difere da concorrência devido à redução de custos. "Algumas empresas americanas implementam uma tecnologia muito cara que atira ou custa por quilômetro, portanto não é eficaz percorrer longas distâncias. Reduzimos a complexidade da pista e grande parte da tecnologia está nos veículos", explica o jovem empresário ao Las Provincias.

O Hyperloop UPV tornou-se uma das startups mais populares em Espanha e acaba de receber o Prémio CaixaBank Empreendedor XXI pelo seu particular trem do futuro. Com este reconhecimento, a empresa valenciana poderá optar por um programa de acompanhamento internacional no Vale do Silício ou Cambridge.

"A próxima fase é incluir todas as tecnologias em um mesmo veículo e construir uma pista de testes no parque industrial do Parc Sagunt que não começará no próximo ano", diz Pistoni. Quanto à sua comercialização, o presidente da empresa estima que em quatro ou cinco anos será lançado para transporte de cargas e em oito ou nove para passageiros.

Tudo isso descrito acima parece algo de ficção científica, aparentemente irrealizável. Mas, não é bem assim. Trata-se de um projeto em andamento (há outros similares nos EUA, Ásia e na Suécia) que levará o sistema de transporte ferroviário a outro patamar. Uma viagem na Transsiberiana com mais de 4.000km, hoje, feita em dias poderá ser realizada em 4 horas; e uma ligação Salvador-Juazeiro, 435km, que era percorrida em 12 horas pelas Marias-Fumaças seria feita em 20 minutos.

O tempo em negócios representa dinheiro (olha o vil metal, novamente aparecendo) e quanto menor o tempo e mais estruturada é a eficácia na logística de transporte, os custos são reduzidos. O contrabando de Pau Brazil que Diogo Álvares, o Caramuru, fazia entre a Baía de Todos os Santos e Saint-Malo, na França, no século XVI, a viagem durava 90 dias em caravelas e ainda assim era lucrativa. Hoje, se Pau Brazil ainda existisse duraria menos de uma semana num cargueiro com GPS movido a diesel.

O transporte de carga num Hyperloop UPV na Rio-Bahia 1.627 km que, atualmente, dura 28h num caminhão, seria feita em 1h35min.

São exemplos aleatórios que dou para melhor compreensão do texto mesmo sabendo que o Brasil, país rodoviário, nunca implantará um sistema Hyperloop. Mas os EUA e o Canadá implantarão; a Europa implantará e os tigres asiáticos e a China, idem.

As novas tecnologias não têm limites nem rédeas e nós (o Brasil) seguimos vendo o que Chico Buarque cantou em Carolina, 1968: Lá fora, amor/Uma rosa morreu/ Uma festa acabou/nosso barco partiu/ Eu bem que mostrei a ela/O tempo passou na janela/Só Carolina não viu.

Lá se vão 54 anos e os trens passarão a 1.000 km por hora nessa queda de braço entre as novas tecnologias e as velhas, as Marias-Fumaças ficando apenas nos postais e n'algum trecho turístico.

CAPÍTULO 19

O MARKETING POLÍTICO NA ERA DIGITAL, O QUE MUDOU AO LONGO DO TEMPO

Estamos no ano eleitoral de 2022 com os pleitos pelo voto direto para presidente da República, governadores e as representações do Congresso Nacional - Senado e Câmara. Uma corrida que já começou onde se mesclam as novas tecnologias com as velhas visando ter sucesso nas urnas. Desde 1996, de forma mais abrangente, o Brasil usa as novas tecnologias da informática nas urnas eletrônicas, cujo pioneirismo aconteceu na cidade de Brusque, SC, em 1989, com a implantação de um cadastro eleitoral informatizado pelo Tribunal Superior Eleitoral (TSE) primeira votação eletrônica válida no país.

A efetivação deu-se em 1996, ano marco na história da informatização do processo eleitoral brasileiro, quando eleitores de 57 cidades tiveram o primeiro contato com a urna eletrônica. Mais de 32 milhões de brasileiros – um terço do eleitorado da época – foram coletados por cerca de 70 mil urnas eletrônicas. O Brasil substitui o sistema eleitoral que usava velha tecnologias - caneta, papel, voto manual - por um sistema eletrônico mais confiável e moderno.

Na República Velha (1889/1930) as eleições eram chamadas de "bico-de-pena". Os eleitores votavam de acordo com as vontades dos coronéis em seus currais eleitorais e o voto era aberto e não secreto. Também chamada de "República dos Coronéis" - posto mais elevado na hierarquia da Guarda Nacional - autoridades que indicavam os chefes políticos locais e organizavam as alianças desses chefes com os presidentes dos estados e desses com o presidente da República.

Nesse ciclo da história brasileira predominaram as práticas eleitorais fraudulentas. Nenhum coronel aceitava perder uma eleição. Os eleitores eram coagidos, comprados, aliciados ou excluídos. Não havia eleição limpa. O voto podia ser fraudado antes da eleição, na hora da votação ou no momento da apuração. Os mesários é que escolhiam os eleitores, atestando o resultado da eleição mediante a elaboração de atas fraudulentas.

A criação de um aparelho mecanizado para coletar votos era um desejo antigo no país. O primeiro Código Eleitoral, de 1932, previa em seu artigo 57 o "uso das máquinas de votar, regulado oportunamente pelo Tribunal Superior Eleitoral. Entre os fins da República Velha e da Nova aconteceram de tudo incluindo um golpe militar que durou 20 anos (1964/1984), sem eleições pelo voto direto.

O projeto da urna eletrônica genuinamente brasileira só começou em 1995, quando o TSE formou uma comissão técnica liderada por pesquisadores do Instituto Nacional de Pesquisas Espaciais (Inpe) e do Centro Técnico Aeroespacial (CTA) para desenvolver o projeto da "máquina de votar".

O primeiro nome do equipamento foi Coletor Eletrônico de Votos (CEV). O projeto foi concebido com base em dispositivo capaz de eliminar a intervenção humana dos procedimentos de apuração e totalização dos resultados, bem como de garantir maior segurança e transparência ao processo eleitoral.

A urna eletrônica - que, quem já votou conhece - combina tela, teclado e CPU numa só máquina, com teclado similar ao de um telefone justamente para possibilitar que o analfabeto e o deficiente visual possam interagir com o novo dispositivo sem dificuldade.

A estreia do novo dispositivo também foi um exercício bem-sucedido de logística: "As urnas foram distribuídas a tempo e modo por aviões da Força Aérea brasileira", recorda o então presidente do TSE, ministro Carlos Velloso, já aposentado.

O voto eletrônico foi uma grande revolução no processo eleitoral brasileiro. Velloso lembra que o antigo sistema de votação em cédulas de papel e de apuração manual, além de ser passível de fraudes, era um processo lento, repleto de erros e com muita suspeição. "Eram eleições que não representavam a legitimidade do voto e a vontade do eleitor. Eleições feitas a bico de pena, com aproveitamento de votos em branco e outras fraudes", destaca.

Nas eleições de 2000, as urnas eletrônicas chegavam a todos os cantos do país, no primeiro pleito totalmente informatizado do Brasil.

Nestas mais de duas décadas de atividade, a urna eletrônica coletou e apurou os votos de milhões de eleitores em 25 eleições gerais e municipais (contando os dois turnos), com segurança e total transparência. No pleito municipal de 2020, mais de 147 milhões de eleitores votaram em mais de 400 mil urnas eletrônicas instaladas em 5.567 municípios, consolidando o Brasil como o país com a maior eleição informatizada do mundo.

Hoje, está sendo contestada por Bolsonaro, sem argumentos convincentes, a urna eletrônica segue confiável.

Esse processo de mudanças na maneira de votar também chegou ao marketing político, em 1986, a primeira campanha no país - pós Lei Falcão (que, na TV só mostrava o nome do candidato, o partido e exibia sua foto) que permitiu o uso aberto de falas nos meios de massa - rádio e TV - filmes (tipo comerciais), jingles, gravações em estúdios e externas todos os recursos que existiam na época.

Tive oportunidade de participar da campanha de Waldir Pires (PMDB), a governador da Bahia, integrando a equipe de jornalismo e marketing -

comandando o núcleo de imprensa - e verificar as mudanças que aconteceram, em relação a primeira campanha do próprio Waldir, em 1962, com o uso das novas tecnologias. Em 1962, eu tinha 17 anos de idade e apenas acompanhei o pleito.

Em 1986, usamos todos os recursos possíveis criados pelas novas tecnologias da época - o teleprompter (teleponto), a maquiagem, o treinamento para TV (a cores) e programas de rádio criativos e críticos - aliados às velhas - folhetos, panfletos, pichações de muros, santinhos, bandeiras e assim por diante.

Havia uma harmonia entre as duas tecnologias e esta campanha ainda se pautou (e muito) pelos comícios. Waldir chegava a fazer três comícios por noite, no interior, alcançando as madrugadas com as praças cheias. Havia, apenas, um locutor para não deixar as pessoas dormirem e sons eletrônicos.

Esse casamento comício + TV era importante na medida em que a produção do marketing filmava todas as cenas possíveis dos eventos e transportava algumas dessas imagens para os programas de TV com resultados muito bons devido a sua abrangência.

A Bahia ainda não era interligada de ponta-a-aponta com sinais de TV, mas, isso funcionava bem nas grandes cidades, especialmente em Salvador e Feira de Santana. Um comício feito em Caculé ou São Desidério - que as pessoas da capital não conheciam - passavam a ser mostrados na televisão e provocava efeito multiplicador na cabeça dos eleitores muito bom.

A campanha Waldir também adotou a música como algo relacionado a novas tecnologias, diferente da música usada por Juracy Magalhães, em 1958, que só era tocada no rádio e considerado até hoje a melhor letra de jingle da Bahia (Cacau, petróleo, Paulo Afonso/ A riqueza da Bahia/ Tens nas mãos de Juracy/ Toda sua garantia/ Este ilustre brasileiro/ Candidato dos primeiros/ Para a Bahia governar/ Em Juracy Vamos Votar), a música "A Bahia Vai Mudar" (de Waldir) era exibida na TV com vídeo bem elaborado e emocionante.

Então, se formos fazer uma comparação entre as campanhas de Waldir x Lomanto, em 1962; e Waldyr x Josaphat, em 1986; houve uma mudança significativa no uso das novas tecnologias lembrando a vocês que a peça mais importante ou de maior destaque, em 1962, foi uma foto de Waldir em cartaz preto e branco; e a de Lomanto o jingle (Lomanto a esperança do povo/ É gente nova/ É sangue novo/ Municipalista/ Filho de agricultor/É amigo do pobre/ Irmão, do trabalhador. Lomanto venceu Waldir.

No Brasil, um marco no marketing e uso das novas tecnologias deu-se na campanha de Fernando Collor de Mello, em 1989, a campanha colorida de um marketing inovador e uma fala firme no combate aos marajás.

Na Bahia, no entanto, também em 1989, não houve grande avanço ou mudanças significativas ao que tinha acontecido, em 1986, salvo pequenas alterações, ACM vencendo o pleito mais com discurso político em cima de Waldir/Nilo ou de qualquer outra coisa.

Participei da campanha de Luis Pedro Irujo a governador e a novidade era o uso de cantores famosos para alicerçar os comícios e expor na TV. Isso teve um bom efeito do ponto de vista visual, mas, não resultou em ganhos políticos porque tudo era artificial e o eleitor não é bobo.

As campanhas políticas no Brasil e Bahia seguiram nesse ritmo pós 1984 (usar as forças das emissoras de rádio, no jornalismo; e da TV na campanha propriamente dita) - participei de campanhas no Tocantins, no Espírito Santo e MG, além da Bahia - com esse diapasão até a década de 2010 quando surgiram as novas tecnologias da internet, a primeira delas mundialmente conhecida, a de Barack Obama, em 2008, então senador do Illinois, candidato democrata e primeiro afro-americano da história a ser eleito presidente dos Estados Unidos, derrotando John McCain e sua candidata a vice Sarah Palin.

A Campanha de Barack Obama inscreveu-se na história das Campanhas Políticas como uma das mais bem sucedidas, em grande parte devido à utilização da Internet. Recordes históricos de participação foram alcançados, quer ao nível da organização e mobilização dos cidadãos, quer na participação nas ações de campanha online, quer na angariação de fundos e, essencialmente, no momento mais importante de uma campanha eleitoral, no voto.

Mexeu nas ciências sociais, na política, na sociologia, na psicologia e nas várias disciplinas da Comunicação, pois, se transformaria num fenômeno global. Diz-se que, Obama, um negro só ganhou devido a força da internet. É possível.

A internet evoluiu da Web 1.0 para Web 2.0 em menos de dez anos (1992/2001) como uma plataforma ágil, democrática e acessível a milhões de pessoas com participações diretas e a possibilidade de feedback. O eleitoral passou a opinar e a ser ouvido e nasceu a "Web Social", mãe das redes sociais. O foco era o indivíduo que se sentiu prestigiado. Até então ele votava mas não interagia.

Após a campanha de Howard Dean, em 2004, que se desenvolveram e estabeleceram novas plataformas como o MySpace, o Facebook, o YouTube, o Flickr, o Twitter, o Digg, o Delicious, o Friendfeed, o Technorati, entre outras, que constituíam uma teia de novas possibilidades de comunicação online, isso permitiu o desenvolvimento da campanha de Barack Obama, em 2008.

"Ao contrário do que se passara em anteriores campanhas, a Internet pode ser positivamente utilizada como suporte de campanha e até de mobilização de interesse, mas se a atividade online não se converter em comportamento efetivo no terreno — como em organização no terreno, doações e em voto eleitoral —, então a campanha não estará a cumprir o seu principal objetivo. Para Lutz, "Obama was the first one to do both [convert his online donors into votes and channel the online fervor into effective ground support], by weaving technology and the Internet into the fabric of his campaign" (Lutz, 2009, p. 3).

Carla Oliveira, em seu mestrado para a ESCS, analisa: - Destacamos, em primeiro lugar, o ambiente favorável ao candidato em termos sociais, como defendia John Wilson (2009) e Don Tapscott (2009), pela identificação da Geração de Obama com o candidato e por ser uma fase em que os "Net Geners" começaram a votar e demonstravam um aumento crescente na sua participação cívica na vida política; em termos económicos e políticos, porque os cidadãos responsabilizavam a administração do então Presidente George W. Bush pela situação de crise económica e pelo descontentamento político em que se encontravam.

No Brasil, as inovações sempre chegam com atraso (salvo, a urna eletrônica) e a campanha que impactou com a internet foi a Jair Bolsonaro, 2018 (10 anos depois da de Obama) que, além da política usou a robótica à larga. Não foi apenas a robótica, mas, adicione a isso o desejo da população em derrotar o petismo sindicalista e corrupto. Esse casamento deu liga.

Alguns analistas aliam a esses dois pontos, a facada em Bolsonaro, que teria comovido o eleitorado. É provável. O que ajudou na eleição de Bolsonaro, de fato, foi o uso da internet com intensivos nas redes sociais.

Na Bahia, o que percebemos desde a primeira década do ano 2000 é que, houve avanços apenas pontuais no uso das novas tecnologias da internet, mas, a influência junto ao eleitorado foi pequena, tanto nas eleições de Jaques Wagner, em 2006 (vencida mais no desejo de mudança do que no uso da internet com a mesma estratégia de Waldir captando valores políticos da força adversária) e na sua reeleição, em 2010 (uma continuidade); e também na de Rui Costa (a primeira contra Paulo Souto, em 2014; e a segunda contra José Ronaldo, em 2018); como nas eleições para prefeito de Salvador, com ACM Neto ganhando duas eleições (2012/2016) e fazendo o sucessor.

O que vimos foi uma predominância do meio TV (ainda superior ao da internet) e ações políticas. Neto trabalhou a internet e os grupos de multiplicadores. Há de se dizer que, quem ganha campanha política é a política; e não o marketing político em si, isolado. Na verdade, é o casamento dos dois, a união bem organizada de ambos, e mais o uso das novas tecnologias associadas com as velhas. Hoje, mais as novas do que as velhas.

O que estamos vendo, na atualidade, é que os comícios que foram relevantes até a década de 1990 perderam força quase total, salvo para servir de plataforma a TV e a internet; e mais vale comerciais na TV e na internet mostrando a aliança de dois candidatos do que grandes comícios, muito dos quais eram artificiais e ainda são. As caminhadas com bandeiras ainda deverão prevalecer em alguns eventos, mais como suportes para a internet e TV - do que, para efeito da campanha em si. E os abraços a crianças ficaram complemente 'demodées' salvo para fotos.

O eleitor será seduzido pela internet, mas, muito políticos imaginam que estão no caminho certo só usando a internet, sobretudo as redes sociais, mas, isso é um fiasco. Tem que fazer o balanceamento. Hoje, alguns políticos não têm assessores de imprensa - o que é um erro. O meio impresso caiu demais, mas, o assessor de imprensa pode atuar em outros meios, o que o candidato sozinho não conseguirá.

Argui-se, atualmente, que é melhor ter um 'web-desing' do que um assessor de imprensa, mas, se puder aliar os dois é o melhor. O trabalho é de longo prazo e empurrar nome de última hora somente se valendo da força da Web-2, como aconteceu com a major Denice Santiago, em 2020, para prefeito de Salvador, não dá certo, como não deu.

Neto, por exemplo, está colhendo frutos das ações lançadas na internet que implantou quando era prefeito de Salvador. Isso facilita bastante a difusão de suas ideias. O mesmo pode se dizer de Rui Costa, outro político baiano que alicerçou essa trilha. Wagner, não cuidou tanto quanto deveria; e Otto Alencar, menos ainda. Esse tipo de ação para quem já tem base política estruturada da boa liga. E votos nas urnas.

Na campanha presidencial, Bolsonaro, desta feita vai enfrentar o petismo, com Lula, mais organizado politicamente e na Web 2. Em 2018, deu um passeio em Haddad, usando a robótica e outros mecanismos da internet. Agora, o PT aprendeu e já está nivelado Lula x Bolsonaro. Moro, dada a visibilidade que teve na Lava Jato também está bem situado neste contexto. E Ciro contratou José Santana para melhorar sua performance.

As campanhas de 2022, portanto, serão, sem dúvida, uma guerra na internet (de forma prioritária) - sem esquecer a TV, as entrevistas de rádio e outras ações, em especial, no campo da política. A chave continua sendo aliar as novas tecnologias com as velhas, dosando-as. Pichar muros como faziam os velhos comunistas brasis não servem mais para nada.

Capítulo 20

COMO O BRASIL PERDEU O BONDE DA HISTÓRIA EM TECNOLOGIA

No próximo dia 7 de Setembro o Brasil comemora 200 anos da independência do jugo português quando deixa de ser Reino Unido de Portugal, Brasil e Algarves em 16 de dezembro de 1815, com a elevação do Estado do Brasil (1549-1815) a reino. Há uma confusão enorme e debate entre os historiadores se o Brasil deixou de ser Colônia de Portugal, em 1808, com a transferência da Corte de Lisboa para o Rio de Janeiro fugindo da ocupação do Exército de Napoleão; se em 1815, quando foi criado o Reino do Brasil já com Dom João VI no poder; ou em 1822, quando é criado o Império do Brasil, com Dom Pedro I.

Entendo que, na prática, a data a ser considerada como fim da Colônia é

1808 quando a Corte se instalou no Rio de Janeiro e comandava as ações do Império Português, com negócios na África e na Índia, a essa época Portugal territorial sob domínio francês. A constituição oficial, no entanto, é de 1815, quando foi criado o Reino do Brasil, Portugal e Algarves com sede no Rio, também denominado Império Brasil ou Brasil Monárquico

O príncipe Dom Pedro de Orleans e Bragança, em 1822, ao proclamar a independência do Brasil de Portugal mantém o país com a designação de Império, obviamente, sem Portugal e Algarves. O Brasil Imperial, que compreendia os territórios do Brasil e do Uruguai só existiu até 1828, quando as Províncias Unidas do Rio do Prata, ao vencerem a Guerra Cisplatina, criaram o Uruguai.

A rigor, o Brasil era uma monarquia constitucional parlamentar representativa, com a ascensão ao trono do imperador Dom Pedro I. Seu pai, D. João VI, em decorrência da Revolução do Porto retornou a Portugal em 1821, deixando seu filho e herdeiro, Pedro, para governar o Brasil como regente. Em 7 de setembro de 1822, Pedro proclamou a independência do Brasil e foi aclamado em 12 de outubro do mesmo ano como Dom Pedro I, primeiro imperador do Brasil.

Mais um pouco de história só para embasar o objeto central da minha análise para o livro "A Cadeira e o Algoritmo - a convivência das velhas tecnologias com as novas". Nosso foco principal é mostrar em que estágio da 1ª Revolução Industrial (1760/1849), Inglaterra, o Brasil se encontrava, na substituição da mão de obra humana pelas máquinas, com uma transformação radical nas estruturas política, social, econômica, cultural e tecnológica.

Em 1826, apesar de seu papel da independência do Brasil, D. Pedro I (1798-1834) tornou-se rei de Portugal (D. Pedro IV), abdicando imediatamente em favor de sua filha mais velha. Dois anos depois, Maria II teve o trono usurpado pelo irmão mais novo de D. Pedro I, Miguel. Incapaz de lidar simultaneamente com os problemas do Brasil e de Portugal, Pedro I abdicou ao trono brasileiro em 7 de abril de 1831 e imediatamente partiu para a Europa para restaurar sua filha ao trono português.

O sucessor de Pedro I no Brasil foi seu filho de apenas cinco anos, Pedro II. Sendo ele ainda menor de idade foi instalada uma regência. Pedro II, quando aclamado imperador, a partir de 1840, com o golpé da maioridade organizado pelos liberais, conseguiu pacificar e estabilizar o país, que viria a tornar-se uma potência emergente internacional. Sob o reinado de Pedro II, o Brasil foi vitorioso em três conflitos internacionais (a Guerra do Prata, a Guerra do Uruguai e a Guerra do Paraguai) e o império prevaleceu em inovações tecnológicas.

Quando Dom Pedro I proclamou a independência do Brasil às margens do riacho Ipiranga, em São Paulo, após retorno de uma viagem usando cavalos de Santos para o Rio, onde conhecera Domitila de Castro Canto e Melo, sua futura amante e marquesa de Santos já existiam as primeiras ferrovias com locomotivas a vapor. Partira do Rio para São Paulo, em 14 de agosto de 1822.

O Príncipe-Regente teria recebido duas correspondências (uma de sua esposa, a princesa Leopoldina e uma de José Bonifácio de Andrada e Silva) que o informavam sobre as decisões da Corte Portuguesa, em que Pedro deixava de ser Regente para apenas receber e acatar as ordens vindas de Lisboa. Indignado teria falado o termo "Independência ou Morte".

Veja vocês que, em termos de tecnologia, o meio de transporte usado pelo príncipe foi o cavalo de uso individual, potro novo e forte, e não uma junta de cavalos ou bois puxando uma carruagem. O cavalo esquipador - tipo manga larga - era o mais rápido meio da época podendo fazer até 80 km num dia, com parada para alimentação e água. No outro dia, o príncipe usava um novo cavalo em fazendas pré-determinadas. Era possível fazer o trajeto Rio-São Paulo em 8 dias.

A viagem de dom Pedro I a São Paulo se estenderia por quase um mês dada a importância do ponto de vista político. A província de São Paulo vivia um momento conturbado, com um princípio de motim em que parte da elite ameaçava se recusar a cumprir ordens da capital.

"Dom Pedro veio firmar alianças com os fazendeiros, apaziguar o cenário e preparar terreno para a Independência", afirma o historiador Paulo Rezzutti, autor, entre outras obras, de "Dom Pedro I, a história não contada".

Dom Pedro, em 1822, tinha apenas 24 anos de idade, portanto, jovem, forte e exímio cavaleiro. Outros componentes da montaria eram os arreios, a sela, as botas, a chibata e as esporas.

Observe que, se a independência fosse feita nos dias atuais, o príncipe regente usaria um avião a jato da Força Aérea Brasileira, o riacho Ipiranga sairia de cena, as cartas seriam substituídas por informações no iPhone e a viagem até o o Rio duraria apenas 60 minutos.

Veja, ainda, que em determinadas áreas rurais do Brasil o cavalo usado de forma individual ainda é o meio de transporte mais rápido entre duas localidades, e também muito usado no pastoreio do gado bovino, os gaúchos ou vaqueiros utilizando as mesmas ferramentas que dom Pedro usava em 1822: arreios, selas, chibatas, botas e esporas.

O Basil só implantou sua primeira ferrovia, em 1854, com a inauguração da Estrada de Ferro Mauá, inaugurada por Dom Pedro II, mas concebida pelo empreendedor Irineu Evangelista de Souza (Barão de Mauá).

Outro detalhe importante da proclamação da independência é que dom Pedro teria usado uma espada para dar o grito da independência ou morte, arma que, naquela época (1822) já era considerada uma velha tecnologia porque já existiam as armas de fogo manuais e os canhões de guerra.

Nesse momento histórico, o meio de comunicação mais importante do país era o impresso - os jornais a Malagueta, Espelho e Correio do Rio de Janeiro - e os folhetos, alguns anônimos. Mas, essas informações do governo central instalado no Rio para chegar às províncias demorava meses. Na Bahia, o comandante militar português Madeira de Mello não acatou a independência do 7 de setembro de 1882 e promoveu sua própria 'guerra', sendo expulso da Bahia em 2 de julho de 1823.

Segundo Raissa Pereira Soares, em estudo para a Universidade Estadual de Londrina (2016), "A Malagueta, com suas publicações polêmicas gerou discussões com outros redatores e políticos do período, que foram alvo das criticas veiculadas pelo jornal. Seu redator, Luís Augusto May, inclusive sofreu dois atentados devido à veemência de suas publicações.

- O Correio do Rio de Janeiro, de João Soares Lisboa, apresentava artigos de seu redator, importantes para as discussões que ocorriam na sociedade, procurando esclarecer a população sobre a situação política do Brasil e, ao mesmo tempo, difundindo ideias liberais, inclusive traduzindo pensadores em suas edições.

- O Espelho, do redator Ferreira de Araújo, envolveu-se também em discussões com outros periódicos. Trazia artigos com opiniões polêmicas, e o próprio Dom Pedro I escrevia sob anonimato nas páginas deste jornal. Apesar das polêmicas em que se envolvia era também criticado por não defender a liberdade do Brasil de maneira tão veemente como os outros periódicos, trazendo em suas páginas muitas informações acerca do governo, como os dados da economia das províncias", conclui.

Os periódicos mostravam a insatisfação com as transformações que ocorreriam no Brasil após a aprovação da Constituição portuguesa que, entre outras medidas, exigia o retorno de D. Pedro I para Portugal, assim como o seu pai D. João

Nesse contexto, os jornais informam e participam da discussão relativas às tentativas brasileiras de libertar o País do jugo lusitano. São textos escritos sob influência das luzes portuguesas, tendo o claro objetivo de dar fim ao Antigo Regime - no qual o governante se coloca acima das leis e rege sob sua vontade - e atribuir ao Brasil uma Constituição, garantindo a liberdade do País.

Para Ana Paula Goulart Ribeiro, professora ECO/UFRJ, em estudo complementa: "No processo da independência, houve uma verdadeira explosão da palavra impressa. Além de periódicos, proliferaram vários tipos de impressos: panfletos, manifestos, proclamações.

"A proliferação da imprensa a partir de 1821 foi resultado da liberdade de expressão surgida com o

constitucionalismo. O fim da censura prévia possibilitou, sem dúvida, o crescimento da imprensa periódica no Brasil, mas é importante sublinhar que a liberdade de imprensa no país não seguiu uma evolução linear nesse período. Constantes alterações na legislação significaram momentos de recuo e de expansão. Além disso, os homens que se dedicavam à atividade da imprensa eram constantemente submetidos às mais variadas formas de arbítrio. Era comum jornais serem empastelados e jornalistas, ameaçados, espancados ou presos".

No primeiro momento, os impressos não se apontavam necessariamente para a emancipação política, mas sim para o reforço do papel do Brasil no interior do reino português. Mas, conforme a posição dos portugueses fo:

endurecendo, os debates foram ganhando intensidade e subindo de tom. O antagonismo foi se acentuando na medida em que aumentavam às pressões de Portugal sobre o Brasil. O tema da independência começou a aparecer de forma mais clara entre os fins de 1821 e início de 1822.

Veja, pois, a importância da imprensa escrita na independência do Brasil. Somente 100 anos depois, surge a primeira emissora de rádio do país, Roquete Pinto, Rádio Sociedade, em 1923. A televisão no Brasil tem início comercialmente em 18 de setembro de 1950, quando foi inaugurada a TV Tupi em São Paulo, por Assis Chateaubriand. Quatro meses depois, em 20 de janeiro de 1951, entra no ar a TV Tupi Rio de Janeiro.

A Internet chegou no Brasil em 1988 por iniciativa da comunidade acadêmica de São Paulo (FAPESP - Fundação de Amparo à Pesquisa do Estado de São Paulo) e Rio de Janeiro UFRJ (Universidade Federal do Rio de Janeiro) e LNCC (Laboratório Nacional de Computação Científica).

Somente a partir desses momentos (rádio, 1923; TV, 1950; internet 1988) e sobretudo na primeira década do século 21, 2010/2020, é que a imprensa escrita perdeu força e o protagonismo que teve. Já estamos falando da época Republicana uma vez que o regime monárquico acabou em 15 de novembro de 1889.

As questões fundamentais relacionadas às tecnologias saltam aos olhos nos dias atuais: por que o Brasil abandonou o sistema ferroviário? Você sabia que, quem primeiro usou o telefone na Feira da Filadelfia, em 1876, foi Dom Pedro II com Graham Bell? É quase folclórica a história de como o imperador se aproximou do estande de Alexander Graham Bell, testou um aparelho e exclamou "Meu Deus, isto fala!".

O telefone estava concorrendo, entre outros inventos, com a lâmpada elétrica, um telégrafo musical, a máquina de escrever e o ketchup Heinz. Ninguém deu muita atenção para Bell. Ninguém com exceção de dom Pedro, que o cumprimentou efusivamente, em inglês.

O brasileiro teve a honra de ligar o motor a vapor que provia eletricidade para a exposição - o que dá uma ideia de seu prestígio. O Brasil se tornaria o segundo país do mundo a ter telefone, primeiro ligando a residência imperial às dos ministros de Estado.

"Em Inovações tecnológicas e transferências tecnocientíficas: a experiência do Império brasileiro", os pesquisadores Sabrina Marques Parracho Sant'Anna e Rafael de Almeida Daltro Bosisio, a partir de um projeto do Centro de História e Documentação Diplomática (CHDD), feito no Arquivo Histórico do Itamaraty (AHI), descobriram documentos que revelam a ação do Estado brasileiro e de seus agentes diplomáticos, entre 1822 e 1889, no sentido de usar a inovação tecnológica e a ciência como forma de criar uma nação, civilizar o Brasil e colocar o jovem país em compasso com os territórios europeus nos quais o Primeiro e o Segundo Reinados se espelhavam

"Foi muito importante a ação do Ministério dos Negócios Estrangeiros no sentido de transferir tecnologia fazendo circular pessoas, bens e informações, numa tentativa de criar condições para a formação e manutenção do Estado imperial, almejando o seu ingresso no grupo das nações civilizadas e reduzindo o hiato que, segundo se acreditava, o separava dele".

A formação universitária própria, a troca de mudas de plantas, as escolas universitária, Em 1879, registra-se a primeira utilização da luz elétrica no Brasil, na estação Rio da estrada de Ferro D. Pedro II, quando foram instaladas 6 lâmpadas a arco voltaico "velas Jablochkoff", alimentadas por dois dínamos "Gramme". A energia elétrica chegou ao Brasil em 1879, mesmo ano da invenção da lâmpada. Na ocasião, D. Pedro II concedeu a Thomas Edison a permissão de implementar seus equipamentos no país para fins de iluminação pública. Apenas quatro anos depois da chegada da eletricidade, em 1883, D. Pedro II inaugurou em Campos dos Goytacazes, no norte do estado do Rio, o primeiro serviço público de iluminação pública do Brasil e da América do Sul. Já nessa época, a eletricidade era gerada pelo vapor das caldeiras à lenha.

Então, hoje, a essência desses acontecimento é por que o Brasil deixou de participar dessa corrida tecnológica iniciada por dom Pedro II e perdeu o bonde da história não detendo tecnologia própria de quase nada, os brasis tendo que importar e consumir produtos estrangeiros na telefonia, na internet, na indústria automobilística, em energia e outros segmentos de ponta?

É o que mostramos em "A Cadeira e o Algoritmo", por capítulos, agora, na rabeira da história onde nos encontramos, sem tecnologia e sem o um novo Dom Pedro II à vista.

Capítulo 21

AS RELAÇÕES DE CONSUMO E A INTERNET: COMO IR ÀS COMPRAS

As novas tecnologias da internet estão modificando os hábitos de consumo no mundo e as relações entre consumidores e lojistas, consumidores e áreas de serviço, e potenciais clientes do lazer e do turismo. São alterações que ocorrem de uma maneira muito intensa com os marketeiros se beneficiando dessa situação para enfiar goela abaixo dos consumidores todo tipo de produto, alguns dos quais, comprados sem a menor necessidade das pessoas.

O alerta mais empolgado vem do psicólogo evolucionista Geoffrey Miller, da Universidade do Novo México, EUA, o qual, em duas publicações "The Mating Mind" (literalmente, a mente acasalamento) estudou a compreensão da espécie humana a partir da teoria da seleção sexual de Darwin; e "Spent Sex Evolution", publicado no Brasil com o título de Darwin vai às compras revela aspectos do consumismo capitalista que já contaminou o Oriente, até mesmo países comunistas como a China, os homens de marketing e propaganda não respeitando a evolução natural do "sapiens" e seduzindo as pessoas com apelos de um consumismo desenfreado.

Geoffrey alerta para a evolução natural dos desejos humanos e a vontade própria dos consumidores no mundo capitalista e comenta que "a maior parte dos marqueteiros ainda usa modelos simplistas, desatualizados em relação aos últimos vinte anos de pesquisas feitas pelos antropólogos, biólogos e psicólogos evolucionistas da natureza humana".

Segundo Geoffrey, os marqueteiros ainda acreditam que os produtos mais badalados são comprados para ostentar riquezas, status e gosto e perdem de vista as características mentais mais profundas que as pessoas são realmente programadas para exibirem - traços como gentileza, inteligência e criatividade. Ou seja, os profissionais de vendas ignoram os conceitos da teoria Darwiniana.

Os estudos realizados ao longo de décadas revelam exemplos de armadilhas que o 'sapiens' enfrenta, diariamente, em bombardeios contínuos nos veículos de massa, agora, mais especificamente pela internet, para comprar uma bike ou um Audi. Ou para se tornarem mais atraentes e empoderados - homens e mulheres, mais as mulheres do que os homens - atraídos pela máquina de vendas dos produtos de embelezamento, estética e emagrecimento.

Vemos com frequência no noticiário da TV pessoas que morreram diante consumo excessivo de chás e produtos não científicos para emagrecimento, a mais recente no Brasil - em investigação - uma cantora famosa, e advertências frequentes de cientistas como Raymundo Paraná, o hepatogista baiano, com alertas sobre os perigos que isso acarreta. Ainda assim, esses chás e outros produtos seguem à venda nas prateleiras de lojas e pela internet.

Há, segundo análise de Geoffrey, a psicologia social do narcisismo consumista com toda a estrutura repousando sobre a premissa questionável de que as outras pessoas realmente notam e se importam com os produtos que compramos e ostentamos. Atesta o psicólogo que "esta é uma falha profunda na psicologia social humana". E exemplifica que um lifting facial de 15 mil dólares pode fazer uma mulher de 55 anos de idade aparentar vinte anos a menos do ponto de vista das rugas e dobras faciais, mas não pode ocultar outros indícios de idade no pescoço e nas mãos.

A corrida não tem limites diante da perspectiva de crescente prosperidade, que pode ser artificial, encorajada pelo capitalismo de consumo. Agora, pela internet, há cursos e ensinamentos de toda natureza nas áreas da fisioterapia, medicina e processos psico-terapêuticos.

Geoffrey observa que toda cautela é pouca para enfrentar a rotina consumista sustentada no tripé - trabalhar, comprar, almejar - uma vez que a necessidade é uma palavra subjetiva. E quando se trata de subjetividade, o cérebro, que comanda todas as ações do 'sapiens" age, às vezes, sem que as pessoas percebam - por vaidade, apelos do marketing e outros - levando-as a encher os carrinhos de compras adquirindo produtos que não tem necessidade.

O que faz, por exemplo, uma mulher comprar mais 5 ou 6 pares de sapatos se ela já tem no seu armário dezenas de outros pares. E um homem usar um Rolex de milhares de dólares. Não representam desejos ancestrais observando-se a teoria de Darwin, do comportamento humano a partir da perspectiva evolutiva. Pelo contrário, se encaixam dentro da psicologia na relevância das vendas (marketing) estruturada a partir de Edward Bernays (1891/1995), um dos teóricos fundadores da propaganda e da publicidade.

Bernays, sobrinho de Freud, usou os conceitos da psicanálise para " construir o consenso numa sociedade democrática". Em seu livro "Propaganda", de 1928, Bernays argumenta: "A manipulação consciente e inteligente das opiniões e dos hábitos organizados das massas é um elemento importante na sociedade democrática" e observava que é preciso respeitar "as crenças e desejos dos consumidores".

O marketing passa a ser o elemento central da cultura e transforma os consumidores em mestres da tecnologia e avança em todas as direções fazendo com que a mulher compre mais sapatos sem necessitar deles e o homem um Rolex de alta tecnologia, que, a rigor marca horas como qualquer outro relógio.

Geoffrey aborda as cinco características centrais da personalidade humana - abertura, conscienciosidade, afabilidade, estabilidade e extroversão - e cita que as pessoas com baixos níveis de abertura tendem a procurar a simplicidade e a previsibilidade, resistem às mudanças e respeitam a tradição. Sobre a conscienciosidade elevada destaca que "só porque você pode, não quer dizer que deva"; e na baixa consciensiosidade "viva cada segundo como se tivesse fogo no rabo".

Lembro de alguns momentos de minha vida como consumidor e o que se passa nos dias atuais. Na década de 1950 quando tive a necessidade de usar calças compridas e blazer para estudar no ginásio, com uso obrigatório de gravata, meu pai me levou a um alfaiate para costurar a roupa sob medida uma vez que, em minha cidade, não havia confecções prontas.

Doze anos depois, morando em Salvador e já exercendo a profissão de jornalista tive a necessidade de comprar um terno - os repórteres da Tribuna da Bahia eram obrigados a usar terno e gravata no dia-a-dia - e já o fiz, me dirigindo a uma loja, comprando um terno pronto experimentado no provador da loja.

Na relação consumidor/produto veja que, no uso dos ternos ambos por necessidade, no primeiro caso meu pai me levou a um alfaiate e o modelo era único para todos os alunos com tamanhos diferenciados na altura e formato dos corpos de cada aluno; no segundo caso, tive a oportunidade de ir a uma loja onde havia vários ternos na vitrine e, com a ajuda de um vendedor, escolhi o que achava mais conveniente para mim, tanto em relação ao custo, quando na moda, na modernidade.

São, portanto, relações de consumo diferenciadas, o primeiro com medição do alfaiate em seu corpo com uma fita métrica da altura da perna, quadril, peitoral e braços; e o segundo experimentando o terno num provador a confecção já pronta, com a ajuda de um vendedor e uso de um espelho. Eram também marketings diferenciados: o alfaiate usava o boca-a-boca; a loja de Salvador, o meio impresso (jornais) e a propaganda na TV.

Hoje, na compra de um terno, posso simplesmente acessar um portal de vendas da internet, verificar o modelo do terno que desejo, preço, tamanho, etc, e comprar via on-line, dispensando-se todos os elementos antigos no processo - o alfaiate, o costureiro e o vendedor da loja. Minha relação será mais direta, como tem sido na compra de outros produtos. O marketing neste último caso é feito on-line e uso o banco de dados do Google buscando 3 palavras: terno/Salvador/venda. A partir dessa busca terei várias opções na telinha do meu iPhone e escolho uma delas e faço a compra. É, então, que entram os algoritmos, os códigos, o meu cartão de crédito e o recebimento do produto em minha casa.

E onde entram os profissionais de marketing nesse contexto? É melhor ou pior esse tipo de compra na atualidade? A subjetividade, o pensar, o analisar as 6 características centrais da vida - inteligência, abertura, conscienciosidade, afabilidade, estabilidade e extroversão - entram na sua avaliação?

É muito difícil responder a essa pergunta e os altos e baixos níveis de cada uma delas, pois, se os gatos pudessem falar não o fariam; ou, como dizem, os doces das pessoas estranhas são os melhores; ou em estabilidade, não cabe à vida tornar você feliz; cabe a você tornar a vida feliz.

A questão essencial é que as novas tecnologias também empurraram os especialistas em marketing para novos caminhos uma vez que, lembrando do meu terno, o alfaiate, a alfaiataria (Adão não se vestia porque Spinelli não existia) ainda sobrevivem numa escala muito reduzida; e os consumidores, sabendo disso, buscam também comodidade.

E vamos, então, para onde? Para o consumo de massa na internet. Estamos nessa direção. Eu recebo, diariamente, ao menos 5 ofertas do ifood todos os dias. Como ele me fisgou e colocou-me no seu banco de dados? Bem, certo dia, comprei um sanduíche, fritas e uma coca-cola por lá. Pronto. É assim que entramos em vários bancos de dados sem querermos.

É possível sair desses bancos de dados? É. Mas, convenhamos, o mundo virtual nos proporciona vários benefícios com esses mecanismos. Temos, portanto, de conviver com eles. Saber conviver. Não dá mais para usar o orelhão e falar para o Brasil via Embratel como fazíamos, na década de 1980, de Londres para Salvador. Há o WhatsApp, rápido, barato, com imagens, a qualquer hora à sua disposição.

É isso: a convivência das velhas tecnologias com as novas nas relações de consumo ainda existe e tanto posso comprar uma roupa numa loja da Av Sete provando-a numa cabine com espelho; como comprá-la no comércio desta mesma rua, na calçada, medindo-a no olhômetro; ou comprar pela internet. Hoje, no entanto, é provável que você esteja comprando mais coisas pela internet do que indo as lojas.

Brindemos, pois, com goles de tinto, a última oferta do Envino daquele kit que você comprou 10x51,90 passando seu cartão e recebendo o Alentejo em casa.

CAPÍTULO 22

UCRÂNIA É VENCEDORA DA GUERRA NA WEB2 E CONQUISTA OPNIÃO PÚBLICA MUNDIAL

Pela primeira vez na história da humanidade acontece uma guerra onde se mesclam as velhas tecnologias militares - bombas convencionais, tanques, canhões, metralhadoras, helicópteros, morteiros, etc - e as novas tecnologias militares - bombas de vácuo, caças a jato de última geração, armas nucleares, perigo de explosões em usinas nucleares de energia, etc -; e os mecanismos de ações dos bloqueios econômicos e sanções nesse campo também envolvendo as velhas tecnologias - fechamento de empresas, bloqueios a rotas marítimas e compras de gás e petróleo - e as novas tecnologias da Web 2 envolvendo, inclusive a exclusão de sete bancos russos do sistema de pagamento internacional Swift, vetos na

Rússia ao Twitter e ao Facebook.

Veja, portanto, que estão no tabuleiro da guerra iniciada pela Rússia no último dia 24 de fevereiro com a invasão a Ucrânia, supostamente para apoiar os dissidentes pró-Rússia no país, e, na real, anexar a Ucrânia ao domínio político-militar da Rússia evitando uma aliança de Kiev com a União Europeia e adesão a OTAN revivendo a velha 'cortina de ferro'. E mais: ampliar o poder da Federação Russa como no pós II Guerra Mundial - a volta da União Soviética. Estão, portanto, no cenário da guerra, quatro elementos tecnológicos como nunca se viu até então.

Se passarmos a régua nas guerras e batalhas mais recentes, a do Afeganistão ocupada pelos Talebans, 2021, a do Iraque cuja invasão data de 2003 com os Estados Unidos, o Reino Unido e um punhado de nações aliadas lançando uma pesada campanha de bombardeamento e destituindo Saddam Hussein, foram usadas apenas as velhas tecnologias militares - tanques, bombas convencionais, etc - e um dos elementos associados aos bloqueios também somente das velhas tecnologias.

Na II Guerra Mundial, se recuarmos para 1945, podemos observar que foram usados as velhas tecnologias de guerra - canhões, bombas, tanques, navios, etc - e pela primeira vez as novas tecnologias militares, as bombas atômicas lançadas pelos EUA em Hiroshima e Nagashaki que mataram, rapidamente, mais de 200.000 pessoas forçando o Japão a se render.

Foi neste pós grande guerra que parte do mundo foi dividido no território europeu entre Alemanha Ocidental, com capital em Berlim - domínios dos EUA, Reino Unido, França, Canadá, etc - e Alemanha Oriental, com capital em Boon e domínio da Rússia formando a União Soviétia - Polônia, Hungria, Austria, Bielo-Rússia etc. A cidade de Berlim foi dividida ao meio por um muro que caiu em 1989 com a abertura da perestroika de Korbachev.

Observe que os dois novos elementos que permeiam o atual cenário da guerra da Ucrânia - bloqueios econômicos tradicionais e os bloqueios da Web 2 (Swift etc) e que, um deles (bloqueio tradicional) já aconteceu na Síria, no Iraque, no Afeganistão, Venezuela, etc - não estiveram presentes na II Guerra Mundial.

Hoje, no entanto, esse cenário que inicialmente se reservava ao boicote econômico sem mexer nos bancos de dados, agora, entrou esse novo elemento, capitaneado pela internet que é devastador. A Rússia sofre o pão que o diabo amassou inclusive tentando conter o Twitter, o Facebook e outros bancos (Telegram, Linkenen, etc), que pressionam a sociedade russa.

No bloqueio econômico a UE e os EUA pouparam o maior banco da Rússia, o Sberbank, e um banco de propriedade parcial da Gazprom, uma empresa estatal de energia russa. O bloco também decidiu proibir a transmissão dos veículos de comunicação estatais russos RT e Sputnik. Com essa última medida, a Rússia está perdendo feio a 'guerra' da comunicação/informação e a contra/informação. Isso representa uma perda enorme junto à opinião pública mundial, hoje, majoritariamente contra a Rússia, até na própria Rússia.

O banco estatal VTB Bank e o Bank Rossiya estão entre os bancos que foram excluídos do sistema de mensagens que permite transações no valor de trilhões de dólares em todo o mundo. As outras instituições da lista são Bank Otkritie, Novikombank, Promsvyazbank PJSC, Sovcombank PJSC e VEB.RF. Alguns países, incluindo a Polônia, pressionaram para que mais bancos fossem incluídos na medida.

Essa é a grande novidade da guerra em termos de novas tecnologias da Web 2 (o sistema Swift) uma vez que envolvem negócios de bilhões de rublos, dólares, euros, iens, reais e outras moedas, pois os pagamentos e recebimentos não são mais feitos com entregas de tesouros entre as partes, mas, via on-line.

O jogo é calculado milimetricamente pelo mercado mundial e o Sberbank, poupado da exclusão, porque o Banco Central Europeu (BCE) havia alertado que as filiais europeias dele, que é o maior banco da Rússia, estão em estado de "falência ou provável falência" diante da "deterioração da liquidez".

Vários países, incluindo a Alemanha, argumentaram que é importante garantir que alguns bancos permaneçam no Swift para ajudar a Europa a pagar as importações de energia da Rússia e permitir outras transferências importantes. Esse é o outro lado, que, na balança beneficia a política de Putin, o qual já ameaçou inclusive deixar os europeus no frio suspendendo o fornecimento de gás.

O sistema é amplo e envolve vários tentáculos, como um polvo. O RDIF o fundo de investimento direto russo que criado em 2011 por Moscou para promover o investimento estrangeiro na Rússia, é conhecido, entre outras coisas, por ter financiado o desenvolvimento da vacina russa contra a Covid, a Sputnik V. Ele é dirigido por Kirill Dmitriev, um colaborador próximo do presidente russo que também foi adicionado à lista de pessoas afetadas pelas sanções britânicas.

No geral, essas medidas visam isolar a Rússia do mercado global, controlar de forma rigorosa a exportação e impactar diretamente o acesso do país à tecnologia de ponta. A Rússia, portanto, enfrenta esse outro "campo de batalha" - não apenas dos canhões e tanques - para tentar proteger o seu sistema financeiro.

Os especialistas mundiais em finanças atentam que o Banco Central russo tem US$ 630 bilhões de reserva internacional. Provavelmente, vai ter dois terços investidos em títulos públicos dos Estados Unidos, países da Europa, Japão. Mas o dinheiro está preso, a Rússia não consegue usar.

Como funciona então o boicote? Exclui a conexão do sistema financeiro dos EUA com a maior instituição financeira da Rússia, o Sberbank, incluindo 25 subsidiárias, e impõe sanções de contas correspondentes e a pagar. O plano do governo dos EUA é restringir o acesso às transações feitas em dólar do banco, que detém quase um terço dos ativos gerais do setor bancário do país.

O Reino Unido também impôs uma série de sanções contra o setor bancário russo. Além dos cinco bancos já afetados por sanções anunciadas na terça-feira (22), o gigante VTB entrou na mira e teve os ativos congelados em território britânico. As novas medidas "permitirão excluir por completo os bancos russos do setor financeiro britânico", disse o primeiro-ministro Boris Johnson.

As medidas também impedirão que empresas públicas e privadas obtenham fundos no Reino Unido e limitarão a quantidade de dinheiro que os russos podem ter em suas contas bancárias britânicas. No total, 100 novas entidades estão no alvo das autoridades do Reino Unido.

Até a Suíça quebrou sua neutralidade histórica e adotou sanções contra a Rússia, aderindo aos pacotes de sanções impostos pela UE em 23 e 25 de fevereiro. O país também adotou sanções financeiras contra o presidente russo Vladimir Putin, o primeiro-ministro Mikhail Mishustin e o ministro das Relações Exteriores Sergei Lavrov.

No Japão, o primeiro-ministro Fumio Kishida informou que as autoridades monetárias vão suspender a emissão e negociação de novos títulos soberanos russos e congelar os bens de alguns cidadãos.

Os Estados Unidos limitaram as exportações para a Rússia de produtos de tecnologia destinados aos setores de defesa e aeronáutica. A Casa Branca declarou querer "sufocar a importação russa de bens tecnológicos críticos". Ou seja, deve negar as exportações de tecnologia sensível ao país. Em especial, de produtos dos setores de defesa, aviação e marítimo.

Após a reunião de cúpula de seus líderes, a União Europeia também anunciou um endurecimento das sanções contra a Rússia. De acordo com a agência AFP, as medidas incluem o veto à exportação de tecnologia, peças e serviços de aeronáutica e aeroespaciais, assim como de equipamentos para reforma de refinarias de petróleo.

Noutra ponta, a Comissão Europeia lançou uma página web para informar os refugiados que fogem da invasão russa da Ucrânia sobre os seus direitos na União Europeia (UE), incluindo o regime de proteção temporária. O site está disponível em inglês e ucraniano lembrando que já somam mais de três milhões de refugiados.

Na República Tcheca, onde vivem 50 mil russos, atos hostis aos expatriados são frequentes e o deputado conservador Tom Tugendhat, que preside o Comitê de Relações Exteriores da Câmara dos Comuns, defendeu a expulsão dos cidadãos russos do Reino Unido.

A onda de cancelamentos tem efeitos devastadores na cultura. Filmes russos foram banidos de festivais; artistas, de exposições que já estavam programadas, disseminando, desta forma, a ideia de que o russo comum é o verdadeiro inimigo.

Nem Dostoiévski, que morreu há 141 anos e foi preso sob acusação de conspirar contra o Czar Nicolau I, escapou da censura: a Universidade Bicocca achou por bem suspender o curso de quatro aulas que o escritor Paolo Nori daria sobre a obra do autor russo.

O objetivo da reitoria era evitar confusão pelo momento tenso, mas a medida atraiu tanta polêmica que a universidade acabou por voltar atrás e manter o curso. O Carnegie Hall e o Metropolitan Opera de Nova York anunciaram que não apresentarão mais artistas que apoiaram Putin.

Veja, ainda, a dimensão da guerra noutras esferas geradas por ações que acontecem com a ajuda da internet. O fantasma de Kiev, por exemplo, seria uma peça da Web 2 ou ele existe mesmo? O perfil do Estado Maior das Forças Armadas da Ucrânia publicou na última sexta-feira (11) uma foto que seria do "Fantasma de Kiev", um piloto que teria derrubado mais de seis aviões russos, segundo rumores que circulam na rede.

Desde o início da invasão dos russos ao território da Ucrânia existem especulações sobre a existência ou não do "Fantasma de Kiev", até mesmo em perfis oficiais do governo ucraniano.

"Olá, vilão russo, estou voando pela sua alma - Fantasma de Kiev", diz mensagem postada junto à foto do piloto pelo órgão ucraniano. A postagem tem milhares de compartilhamentos.

As Forças Armadas da Rússia deverão vencer a guerra devido ao seu poder de fogo muito maior do que as Forças Armadas Ucranianas e têm, no campo militar, tecnologias mais avançadas. Porém, a Rússia perderá a guerra no campo das novas tecnologias com o uso da internet e das redes sociais com a opinião pública mundial majoritariamente contrária as ações comandadas por Vladimir Putin, hoje, já considerado um novo Hitler.

Esse efeito já chegou a sociedade russa mesmo com toda a censura a Web 2 a ponto do pianista russo Luka Safronov se algemou, no último domingo (13/3), à porta de uma loja do McDonald's em Moscou e milhares de outros serem presos diante protestos contra a guerra na casa grande da Rússia, a capital Moscou.

CAPÍTULO 23

COMO SOBREVIVE A IMPRENSA NA UCRÂNIA EM GUERRA

Luís XIV rei da França e Navarra durante 72 anos (1643/1715), aquele que ficou mais tempo no trono em toda história da humanidade (a rainha Elizabeth II tem 70 anos no poder), apelidado de "O Grande" e "Rei Sol" se considerava um predestinado por Deus. Teve duas esposas e várias amantes e com uma delas, a marquesa de Montespan - Françoise-Athénais de Rochechouart de Mortemart - concebeu 7 filhos. Em virilidade, Dom Pedro I, se parecia com ele.

Natural, portanto, que em reinado tão longo e megalomaníaco - o rei transformou a grande área da cavalariça de seu pai Luís XIII, nos arredores de Paris, construindo o palácio mais luxuoso da Europa - Versalhes - com sua sala de espelhos que representava a imagem de grandeza do rei e impressionava os visitantes e as mulheres, mudando a Corte para lá

- houvesse muitas intrigas, envenenamentos, traições e assim por diante. Ademais, o rei vivia em permanente guerra com a Holanda e cobrava a cada dia mais impostos dos seus súditos.

Surgiram, então, as primeiras revoltas populares em Paris, que era a cidade mais importante da França, abandonada pelo rei que morava em Versalhes com a Corte, porém, permanecia como um lugar pulsante, mundano, onde alguns integrantes da monarquia nunca deixaram de frequentar seus lupanares, suas rodas de jogo, vinhos e mulheres. O povo parisiense era espoliado - comerciantes, industriais, artesãos, etc - porque além do luxo de Versalhes que consumia muito dinheiro havia as guerras.

De vez em quando o rei ia a Paris para mostrar-se benevolente com a população, um pai, um Deus que curava enfermos, um protetor. E, numa anunciada dessas visitas, revoltosos espalharam pela cidade panfletos conclamando para um protesto contra o rei. O panfleto era o veículo de comunicação dessa época mais importante e eficiente, pois, além de ser lançado embaixo das portas poderiam ser colados em paredes e portões. Tinham, portanto, boa visibilidade entre as pessoas que circulavam nas ruas e feiras livres.

Os agentes secretos do rei entraram em campo e investigaram o aceno à rebelião visando garantir a segurança do monarca e descobriram quem eram os autores dos panfletos e onde eles eram impressos. Primeiro pegaram o dono da gráfica e seus funcionários e os espancaram, o proprietário do estabelecimento até a morte. E, em seguida, 'empastelaram' a gráfica. A segunda etapa era prender os revoltosos. E prenderam e/ou mataram todos, embora alguns mosqueteiros do rei tenham morrido na refrega.

O importante, no contexto do nosso livro "A Cadeira e o Algoritmo" - a convivência das novas tecnologias com as velhas - é destacar o que significa 'empastelamento'. Trata-se um termo técnico muito usado pela mídia que se traduz em destruir, misturar. Uma gráfica na época de Luís XIV usava tipos de madeira e/ou chumbo, máquinas e calandras de ferro, marretas, alicates, prensas, componedores e grades de ferro o que permitia organizar uma chapa que seria impressa. Então, toda essa estrutura era empastelada (quebrada).

Isso não aconteceu somente na França, mas, em vários países da Europa e da Ásia e chegou aos jornais de vários continentes e também no Brasil. A lista de 'empastelamentos' no Brasil é grande e começou com o jornal carioca "Corsário" que atacava o Império e seus governantes no final de 1881. O Chefe de Polícia da então Capital do Império, Rio de Janeiro, Trigo de Loureiro, mandou 'empastelar' o jornal. Posteriormente, com a insistência do "Corsário" em circular, o redator Apulcro de Castro é assassinado por militares comandados por Antônio Moreira César diante da própria Secretaria de Polícia, onde fora pedir proteção.

Na lista de 'empastelamentos' constam, entre outros, "O Paiz" (Rio), "Gazeta de Santos", "Folha do Amazonas", "Diário de Pernambuco", "Diário Carioca", "A Imprensa", "A Bahia", "Folha da Manhã", "A República", "O Momento" (Salvador Bahia) este por ser órgão de imprensa do Partido Comunista Brasileiro (PCB) foi várias vezes empastelado pela polícia estadual durante os anos de sua existência (1945-1957). Seu primeiro 'empastelamento' se deu em 1945 durante o governo de Otávio Mangabeira que, apesar de democrata, cedia assim aos ditames do governo federal do presidente Dutra. Seu diretor era João Falcão, depois, fundador do Jornal da Bahia.

Esse fenômeno se deu no Império e nas fases republicana (Velha, período Getulista, redemocratização e Golpe Militar de 1964) que implantou censura rigorosa aos jornais e alguns jornalistas foram assassinados sendo o caso mais notório de Wladimir Herzog, outubro de 1975.

A partir da segunda quadra da década de 1960 esse processo industrial se modificou com a implantação da impressão 'off-set' e as composições a frio. Ou seja, foram aposentados os linotipos, as caixas americanas e europeias de composições com tipos de chumbo das tipografias e as composições passaram a ser feitas em máquinas datilografias elétricas que imprimiam tiras de papel. Essas tiras eram coladas em 'past-ups' formatando uma página e daí era feito um fotolito e depois uma chapa que se acoplava na máquina impressora.

Quando comecei no jornalismo profissional como repórter do "Jornal da Bahia", em 1968, as oficinas do JBA, "A Tarde" e o "Diário de Notícias" no centro de Salvador, respectivamente, na Barroquinha, Praça Castro Alves e rua Carlos Gomes ainda eram na base do linotipo, composição a quente (chumbo) e enormes e pesadas placas para impressão. As oficinas pareciam a ante-sala do inferno com cheiro de chumbo derretido, fumaça e penumbra, tanto que os linotipistas e gráficos recebiam doses de leite para evitar contaminações, mas, eram inevitáveis.

Somente a partir do pioneirismo da Tribuna da Bahia, novembro de 1969, isso foi se modificando. "A Tarde" e o "Jornal da Bahia" também aderiram ao sistema 'off-sett', no inicio da década de 1970, e o DN desapareceu no final dos anos 1970. Tive a oportunidade de trabalhar no DN, em 1975, onde conheci o sambista Batatinha trabalhando na oficina.

Em 1993, pilotando um projeto bancado pelo empresário Pedro Irujo, tivemos a ousadia de mudar todo esse sistema implantando o primeiro jornal computadorizado do Nordeste brasileiro, o Bahia Hoje. Com isso, aposentamos a composição a frio, os labs de fotografias, os telex e outros e tudo passou a ser feito pelos computadores com a composição e fotografia nas telinhas sem uso de papel.

Em 2006, mais uma vez com pioneirismo na Bahia, implantei o www.BahiaJá.com.br que foi ao lado de Samuel Celestino (ainda não tinha o nome de Bahia Noticias), o primeiro jornal eletrônico (sem impressão) individual da Bahia, isso posto sem o suporte de uma grande empresa de comunicação. Ousadia e tanto.

Conto essa história toda para vocês entenderem como é que, na Guerra da Ucrânia, é possível editar um jornal sem ser 'empastelado', sem os diretores e jornalistas irem parar na cadeia, tudo feito de forma remota. Assim circula o The Kyiv Independent.

Os atuais funcionários do jornal perderam seus empregos na imprensa tradicional de Kiev. Então, trinta jornalistas decidiram lançar uma campanha sob a hashtag #SaveKyivPost. Um novo CEO (Daryna Shevchenko), uma nova editora (Olga Rudenko) e a mesma equipe de repórteres lançaram o Kyiv Independent. Para continuar a ser os "tradutores da Ucrânia para o resto do mundo", diz Brian Bonner, em comunicado. Esta "pequena start-up", como lhe chama o seu editor-adjunto, Toma Istomina, 26 anos, tornou-se a fonte preferida para acompanhar esta trágica guerra.

Uma semana após o início da guerra, The Kyiv Independent tinha 1.6 milhões de seguidores em sua conta no Twitter. Tem, também, um canal no aplicativo Telegram criptografado e seguido por 42.000 assinantes. Existem outros veículos na Ucrânia que operam on-line: Zaxid Net, Ykpaíha Interfax, Pravda Ucrânia e demais.

E como se comporta a imprensa mundial em relação a guerra da Ucrânia e o uso das novas tecnologias? A imprensa brasileira já tem alguma experiência em guerras e os veículos mais importantes do país estão cobrindo a Guerra da Ucrânia com enviados especiais ao palco da Guerra e correspondentes na Europa, Rússia, EUA e Ásia.

Recentemente um editor executivo do Le Monde disse que, entre os pontos mais sensíveis com os quais tem que lidar na guerra está a questão das fotos dos corpos de civis ou soldados mortos durante os combates e os bombardeios. "O que mostrar? Assumimos publicar fotos dos mortos, para contar a realidade da guerra. Fazemos isso de acordo com as regras que o Le Monde sempre estabeleceu: sem complacência, sensacionalismo ou voyeurismo. Nosso dever é mostrar aos nossos leitores o que nossos fotojornalistas veem em campo, mesmo que essas imagens às vezes possam perturbar ou chocar", afirma.

O Le Monde já publicou milhares de posts, teve mais de 50 milhões de visitas, milhares de perguntas e a transmissão ao vivo permanente que dedica à guerra na Ucrânia já está entre as mais intensas e difíceis parta os editores realizarem.

Esta não é a primeira vez que a redação se mobiliza há vários dias. Durante o primeiro confinamento, a transmissão ao vivo durou oitenta e três dias – mas parou por várias horas durante a noite, narrando o desastre de Fukushima em 2011, depois os ataques de janeiro e novembro de 2015 foram mantidos por vários dias sem interrupção.

Na guerra da Ucrânia a live distingue-se pela intensidade dos acontecimentos e pelo material particularmente difícil: como cobrir uma guerra em "tempo real", informando o melhor possível os nossos leitores e oferecendo-lhes uma desencriptação e em - exames de profundidade, mantendo nossa linha editorial rigorosa de seriedade e rigor? - essa é a questão crucial para a direção da empresa.

A primeira dificuldade é classificar a multiplicidade de informações provenientes de várias fontes: autoridades russas e ucranianas em um contexto de propaganda significativa, outros Estados oscilando entre sanções e ações diplomáticas, o mundo econômico, a sociedade civil, mas também os – muito – muitas imagens publicadas nas redes sociais. Nunca uma guerra interestadual foi tão documentada ao vivo.

Para isso, os quinze editores que se seguem na live não estão sozinhos. A decisão de publicar ou não informações é de responsabilidade do editor-chefe e, para os pontos mais sensíveis, da direção editorial. Em caso de dúvida, toda a redação está em apoio.

O Le Monde atua com 10 enviados especiais, repórteres e fotógrafos (na Ucrânia e nos países vizinhos); e correspondentes em Moscou e na Europa Oriental.

Os jornalistas do serviço internacional são aqueles que já fizeram reportagens na Ucrânia antes do início da guerra e que têm muitos contatos - fontes que podem testemunhar a realidade quotidiana ou verificar informações questionáveis; jornalistas dos departamentos de Decodificadores, Pixels e Vídeo para verificar e autenticar imagens e desmascarar informações falsas que circulam sobre o assunto; e o serviço de Fotografia, em conjunto com os fotógrafos enviados a campo; os serviços de Infográficos e Decodificadores que acompanham a evolução da situação dia após dia com mapas constantemente atualizados.

Veja, portanto, como é complexa a cobertura de uma guerra e estamos falando, hoje, do uso das novas tecnologias, o que não aconteceu na II Grande Guerra, porque o mundo está conectado numa rede de satélites e da internet que acabou com o 'empastelamento', mas, criou novos cenários que só a grande mídia tem condições de competir.

E, neste jogo, o que é real e o que é fake-news ou propaganda dos governos, é muito difícil identificar esses campos, claramente.

Quando Putin vai a um estádio de futebol e fala para milhares de pessoas, ao vivo, dando a sua visão da guerra, claro está, pois, que se trata de uma peça de propaganda oficial do governo russo e a Tass, a principal agência da Rússia entra em campo para divulgar o que interessa a Rússia e a Putin. E, obviamente, a imprensa internacional põe um filtro na mensagem e verifica os pós e contra do que ele falou.

Portanto, para o povo russo será divulgada um tipo de mensagem; e para o mundo, outro tipo. E isso só é possível fazer, rapidamente, ao vivo, graças a internet e a rede de satélites. Putin pode estar falando e, ao vivo, um comentarista na Alemanha ou no Brasil contestar o que ele está dizendo.

Circulou, recentemente, na rede, que a Ucrânia estava sendo usada como base de laboratórios para testes de vírus poderosos (do tipo Coronavírus ainda mais letais) e esse informe chegou a ser levado até a ONU. Seria, uma das justificativas para o ataque russo. Mas, isso tem algum fundamento ou é peça de contra-informação?

O valioso a destacar é que os jornalistas, radialistas, cinegrafistas, fotógrafos e outros profissionais da comunicação, quer na época do uso das velhas tecnologias; quer nos dias atuais, das novas tecnologias, estão no campo das batalhas e das guerras; e nas coxias das redações, dando os melhores de si para informar seus leitores e telespectadores, sem medo da morte e cumprindo suas missões profissionais. É apaixonante.

Capítulo 24

AS MUDANÇAS DO CLIMA E O AVANÇO DA ECO-ANSIEDADE

O jornalista Jolivaldo Freitas escreveu um artigo neste Bahia Já falando das atrocidades da guerra da Ucrânia e comentou que especialistas - em sua contumaz frieza de avaliação, o pragmatismo que conceitua quem atua em algumas áreas, como meio-ambiente, por exemplo, vêm a público para dizer que se a economia mundial sofrer e se debilitar com as ações contra a Rússia; os embargos - uma nova consciência passa a dominar o planeta.

O que se preconiza é que o conflito vai trazer nova consciência mundial e chamar a atenção para a necessidade de geração de energia limpa. Mas será que isso vai acontecer num planeta com 7 bilhões e 800 milhões de pessoas muitas das quais ainda cozinhando no fogão à lenha para sobreviverem; e outras tantas numa correria infernal para não perder os horários dos metrôs e dos aviões movidos a eletricidade e a petróleo refinado? É provável que essa conscientização seja limitada, relacionada à uma minoria, que, dificilmente mexerá no conjunto global.

Quando o presidente dos EUA, José Biden, fala da necessidade de boicotar a compra do petróleo bruto, trata-se de uma peça de propaganda, pois, cada país sabe de suas necessidades. Os Estados Unidos tem mais capacidade de produção de petróleo dentro das suas fronteiras do que toda a Europa. Os americanos, sim, podem adotar esse tipo de medido que não haverá reflexo grave na sua economia. Os americanos têm o petróleo e o gás tirados de plataformas e poços, mas possui também a produção de petróleo oriundo do xisto e investe pesado na energia capturada do sol. Fica tudo bem. Mas a Europa depende de energia gerada pelo petróleo e gás russos.

A Europa corre atrás para mudar esse cenário, mas, isso demora anos. Quanto tempo? A Alemanha calcula 25 a 30 anos para reorganizar a sua planta energética - em andamento - e estamos falando do país mais avançado em tecnologia na Europa. Portugal, visto como o de menor tecnologia, demoraria mais tempo, onde ainda funcionam os elétricos e os ascensores implantados no final do século XIX.

Diz Jolivaldo: "A guerra na Ucrânia passou a despertar o sentimento da necessidade de se investir em energia limpa; tudo o que vinha sendo dito por ambientalistas nos encontros de Paris, no Brasil na Índia e tantos outros lugares e palcos. Energia limpa, eólica, solar e outras além de significar saúde para o planeta, tem o caráter até de defesa de um país, pois no futuro não havendo dependência do petróleo, ninguém vai poder usar a energia (o gás, o petróleo como arma para asfixiar o outro".

E o que está passando na cabeça das pessoas diante dessa guerra onde as velhas tecnologias militares - bombas, tanques, infantaria como na época de Napoleão Bonaparte, etc - e as novas tecnologias militares - aviões Migs, bombas supersônicas e a possibilidade do uso de bombas nucleares - se mesclam; com mais dois elementos postos no cenário permeando as velhas tecnologias - boicote a bens e serviços da Rússia, veto à compra de petróleo e gás - e as novas tecnologias da Web-2 - exclusão da Rússia do Sistema Swift e da rede mundial da internet - em cenário nunca visto, anteriormente?

Verifica-se, assim o avanço de uma nova 'piração' ou distúrbio mental já posto em análise desde 2017 pela APA, o eco-ansiedade, que tem sido recorrente nos consultórios de psicologia e psiquiatria. Os pacientes têm apresentado os sintomas tradicionais de ansiedade - depressão e síndrome do pânico - como consequência do estresse causado pelas notícias sobre as mudanças climáticas. E a Guerra da Ucrânia, é provável, está influenciando nesse campo, uma vez que 10 milhões de ucranianos deixaram suas casas e 30 milhões de pessoas estão confinadas na própria Ucrânia, a mercê das bombas de Putin.

A Associação Psicanalítica Internacional reconhece a mudança climática como "a maior ameaça à saúde global do século 21. A gente fica sem saber se, de fato, isso tem procedência, ou não. Já se falou, anteriormente e há pouco tempo, que a depressão seria a doença do século 21. Mas, observe que um século são 100 anos e os procedimentos e as mudanças na sociedade estão se dando, de maneira muito mais rápida do que se imagina.

Publicamos aqui, na semana passada que, a Ucrânia mesmo sofrendo uma guerra destruidora de suas cidades mantém vivo os seus veículos de comunicação em circulação graças a rede de satélites e da internet. E conseguiu religar sua usina nuclear de Zaporizhzia, parcialmente bombardeada pelos russos

A revista Psychology Today descreveu a eco-ansiedade como "um distúrbio psicológico bastante recente, que afeta um número crescente de indivíduos que se preocupam com a crise ambiental". A psicóloga londrina Roxana Rudzik-Shaw disse ao portal NetDoctor, que os 'Millennials' (A geração Y, também chamada geração do milênio, geração da internet, ou milênicos - do inglês: Millennials - é um conceito em Sociologia que se refere à corte) são os pacientes mais comuns a apresentarem problemas de eco-ansiedade. Eles já carregarem sintomas de ansiedade anteriores, que podem piorar devido às notícias, imagens e vídeos compartilhados nas redes sociais e na mídia em geral.

A expressão "eco-ansiedade" foi apresentada ao mundo em 2017 pela American Psychology Association (APA — a associação de psicologia do EUA), descrita como: "medo crônico de sofrer um cataclismo ambiental que ocorre ao observar o impacto, aparentemente irrevogável das mudanças climáticas, gerando uma preocupação associada ao futuro de si mesmo e das próximas gerações".

Observem que, nos últimos estudos publicados sobre o aquecimento global, a Terra sofreu um acréscimo de 1% na planta geral de sua temperatura e isso já tem provocado mudanças significativas em todo mundo, com derretimento de geleiras e alterações em cursos de rios. No Brasil, as queimadas na Amazônia passaram a ser uma preocupação mundial e, mesmo assim, não param de acontecer. Tudo isso é mostrado ao vivo pelas TVs e internet e os 'millennials' se assustam e se deprimem.

Apenas em outubro de 2021 a 'eco-ansiedade' entrou oficialmente para o dicionário de Oxford como um "desconforto ou preocupação sobre o dano atual e futuro causado no meio ambiente pela atividade humana e a mudança climática". Desde então, o termo tem aparecido com mais e mais com frequência, principalmente entre jovens.

Para Maria Luiza Gastal, Psicanalista da Sociedade de Psicanálise de Brasília e membro do Comitê de Clima da International Psychoanalytical Society (Sociedade Internacional Psicanalítica), a ansiedade climática é uma expressão clínica do medo crescente dos desastres e cataclismas ambientais.

"A eco-ansiedade é um medo que surge a partir da nossa observação sobre os impactos das mudanças do clima. Vemos que os pacientes temem cada vez mais sobre o futuro, pelas gerações que virão e de como será o mundo. É uma ansiedade que se traduz, sobretudo, em perguntas sobre o que elas próprias podem fazer para evitar e prevenir tais desastres", explica a profissional.

Como estão, então, sendo tratadas as crianças e os jovens da Ucrânia que são expatriadas a força do seu país amado, muitas das quais vendo bombas explodindo em suas cidades? Não há, ainda, uma resposta para essa questão uma vez que o processo está em andamento e o Brasil, que está muito distante de Kiev, já recebeu quase 1.000 ucranianos e suas famílias para uma nova vida num país tropical, com língua e costumes diferenciados.

Já existe algum tratamento específico para lidar com essa sensação da 'eco-ansiedade'? A psicanalista Luiza Gastal esclarece que, por não se tratar de uma patologia específica, ainda não existe um tratamento personalizado, mas como todo sofrimento ela é sempre acolhida pela psicanálise.

"Primeiro fazemos a escuta analítica, e claro, a psicanálise mobiliza toda a sua estrutura conceitual para ajudar o sujeito a investigar essa sensação e a lidar com ela. Como todas as ansiedades, elas estimulam também os mecanismos primitivos de defesa, como por exemplo a denegação, que reconhece o problema, mas finge que não existe. Buscamos entender esses mecanismos inconscientes que se entrelaçam e amarram o mundo externo ao indivíduo".

Quem mais sofre com a eco-ansiedade? De acordo com a Lancet Planetary Health, em uma pesquisa encomendada com aproximadamente 10.000 jovens de diferentes países, entre 16 e 25 anos, cerca de 75% deles disseram que enxergam o futuro como assustador. Além disso, o estudo mostrou que a maior concentração dos casos mais graves de ansiedade estão em ambientes onde há maior índice de eventos extremos relacionados aos problemas sócio-ambientais.

Para o ambientalista e ativista climático do Fridays For Future Brasil, Dalcio Costa Rocha, 18, esse medo começou a partir de uma campanha contra um leilão da Agência Nacional do Petróleo e Gás. "Sentia que todas as ações eram ineficazes e comecei a sofrer".

Um outro exemplo aconteceu com Luiza Barenco Costa, 18, estudante universitária, que sentiu as sensações de uma crise de eco-ansiedade. Ela contou que não conseguia relaxar, que estava sempre pensando no assunto ao ponto de isso começar a atrapalhar a sua vida e o seu dia a dia. "Tive a minha primeira crise durante uma conversa informal entre amigos. Estávamos conversando sobre as realidades de cada um e percebi que todos os meus companheiros de ativismo estavam passando por alguma consequência da crise climática e que não teria como ajudar a todos com campanhas ou algo assim", ilustra a jovem.

Estamos, pois, diante de um novo drama social grave onde se mesclam novas e velhas tecnologias e há esperança de que, a energia limpa, uma novíssima tecnologia com cheiro de velhíssima, pois, usa as forças da natureza - vento, água, sol, ar, terra - que o homem vem usando desde quando era caçador-coletor de alimentos na Etiópia e na Turquia, que são os lugares onde o 'sapiens' ergueu-se e começou a pensar e o cérebro pôs-se em movimento, nos sirva de forma plena no futuro próximo.

Lucy, a primeira mulher, 3.200.000 milhões de anos atrás tem parte de sua estrutura óssea posta a visitação no Museu de Antropologia de Adis

Abeba e tinha apenas 1m30cm de altura, fóssil descoberto em 1974 no deserto de Afar, usava energia limpa, natural, que a civilização atual quer também usar.

Bem, ainda não voltei a cozinhar a lenha e uso o gás provavelmente importado da Bolívia, assim como a maioria dos europeus usa o gás dos campos da Rússia, e não saberia dizer se ainda verei esse tempo. Em minorias, essa prática já vem acontecendo. Mas, volto a dizer: somos 7 bilhões de 800 milhões de 'sapiens' na Terra comendo 3 vezes ao dia, correndo para não perder o horário do metrô e exigindo cada vez mais bens de consumo.

CAPÍTULO 25

A GERAÇÃO "BABY BOOMERS" PÓS II GUERRA CHEGA AOS 77 ANOS

Tenho uma bag monsieur Tapioca que carrego nas costas livros, água, barras de cereais, caneta, caderneta de anotações (ainda uso), pão, bananas e o que mais cabe a depender do peso e de quantos quilômetros vou caminhar. Durante a noite, me situo no tempo, choveu forte em Salvador com raios e trovões a espocarem no céu do mar aberto de Ondina, mas, o dia seguinte amanheceu limpo, sol iluminando a Barra - onde moro - e decidi carregar a bag para uma caminhada.

Já havia colocado 6 exemplares do meu livro "Catarina Paraguaçu, a Mãe do Brasil" e mais 3 exemplares do "Sua Eminência o cardeal - Panegírico de Dom Lucas Moreira Neves", uma banana da terra, uma barra de cereal YJoe, uma garrafa d'água de 300 ml, um lenço de cambraia (ainda uso), quando a senhora Bião de Jesus, minha distinta esposa, cutucou-me com o polegar nas minhas costas perguntando onde iria. - Ao Pelourinho, respondi secamente completamento a arrumação da bag. - Não me tragas cocadas e acarajés - advertiu-me e perguntou se gostaria de uma carona ou usaria o Uber. - Não, vou a pé, no meu ritmo. - Benza-te Deus, acalentou-me.

Pigarear - diz ela que é uma das minhas muitas manias - e acomodei a bag nas costas, o bastão de andarilho na mão direita, ajustei o chapéu com abas protetoras para o gorgominho e disse: - No retorno, no Campo Grande, lhe ligo para uma boleia.

Parti para o meu destino final que era levar os livros para o Espaço Cultural da Cantina da Lua, no Terreiro de Jesus, e para a Alamoju livraria de mesa-de-rua do Maciel de Baixo.

De minha casa até o Porto da Barra são 3 km, que venço numa hora. Do Porto ao largo da Vitória, praça Rodrigues Lima, mais 1km, onde paro para descansar um pouco, beber água e comer a barra de cereal. Daí até o Campo Grande, ao lado da antiga residência do arcebispo, mais 1 km; e seguindo adiante até a praça Castro Alves, mais 2,5 km; e para completar o percurso até o Maciel mais 1k. Total: 8,5 km. De retorno até o Campo Grande mais 3k, perfazendo 11,5 km.

Ora, direis o nobre leitor que é moleza. No Caminho de Santiago partindo-se de Saint Jean Pied de Port, na França, até Compostela, na Espanha, são 800 km e há 33 paradas neste percurso, cada uma delas distante uma da outra entre 22 e 29km, e jovens vencem todo o caminho em 33 dias. Os mais fortes, em 30 dias. Portanto, o meu percurso entre o Morro do Gato (Barra) e o Maciel de Baixo (Pelourinho), 11.5 km, com uma bag de 6k nas costas não tem dificuldade.

Sim, sem dúvida, para um jovem nada demais. Mas, leve em consideração que o andarilho que escreve essas linhas tem 77 anos de idade, já passou por 4 cirurgias, tem 'stents' no coração, aprecia a boa mesa e o copo, e não é mais o atleta dos anos 1960 da Olimpíada Baiana.

Destaco essa minha performance - que também vem sendo feita por milhares de vovôs e vovós no Brasil, diariamente - porque integro um grupo enorme de pessoas na faixa entre 75 a 85 anos de idade que leva uma vida normal, trabalha, namora, bebe uns uisquinhos, usa bike, monta cavalo, frequenta academia, veleja, joga peteca, come de tudo (moderadamente) e não se entrega a pijama e a cadeira de balanço em casa.

Mas, afinal, que grupo é esse que tem chamado a atenção de especialistas e do mercado de consumo?

Na divisão clássica, as faixas etárias são 3: jovens (até 19 anos), adultos - 20 a 59 anos; idosos - indivíduos de 60 anos em diante. Há, uma série de subdivisões na prática da medicina e da psicologia como crianças (até 10 anos), pré-adolescentes (11 a 15 anos), adolescentes (16 a 19 anos), adultos (a partir de 21, maior idade), trintões, maduros (40 a 50), idosos (melhor idade, a partir de 65 anos) e velhos (depois de 77 anos). No Brasil, a expectativa de vida para as mulheres é de 80 anos e para homens 73 anos.

A geração dos nascidos entre 1940/1960 é chamada de "Baby Boomers" e a idade avançada só começa a partir dos 77, segundo novo estudo do Marist Institute for Public Opinion realizado para a Home Instead Senior Care. Mas, isso depende de cada país. No Japão, a expectativa de vida para os homens é de 84 anos e 88 para as mulheres. E, hoje, dados do OCED Better Life Idex, há milhares de japoneses tenho vida relativamente normal na faixa entre 90 e 110 anos.

Logo após o fim da Segunda Guerra Mundial, os países Aliados – como Estados Unidos, França e Inglaterra, por exemplo – viveram uma verdadeira explosão no crescimento demográfico local. Daí, portanto, surge o nome que significa literalmente explosão de bebês (baby boomers).

Os pais dos "Baby Boomer" viviam diretamente impactado pelos efeitos da Segunda Guerra. Sendo assim, grande parte das crianças dessa nova geração foi criada em ambientes de muita rigidez e disciplina, o que levou ao desenvolvimento de adultos focados e obstinados.

O estudo intitulado "Generation to Generation: Gauging the Golden Years" (Geração a geração: medindo os anos de ouro) pesquisou a opinião de 1.235 americanos sobre envelhecimento e descobriu que no geral homens consideram velho alguém com 70 anos, enquanto as mulheres, alguém com 76 anos.

Um "baby boomer", portanto, tem idades entre 62/82 anos e tornou-se uma parte significativa da população mundial. Algumas dessas pessoas participaram de movimentos libertadores da mente (meditações e outros) e mudanças nos estilos de vida - "hippie", "punks", naturalistas, praianos e aqueles que contratam "personal stylist" e personais para a prática de exercícios físicos.

Em artigo recente, a Sandra Pujol, autora que se dedica a temas relacionados ao envelhecimento, destaca a aparição dessa nova faixa social que não existia antes: "Pessoas que hoje têm entre sessenta e oitenta anos. A esse grupo, pertence uma geração que expulsou da terminologia a palavra envelhecer, porque simplesmente não tem em seus planos atuais a possibilidade de fazê-lo".

É uma verdadeira novidade demográfica, semelhante ao surgimento da adolescência; na época, que também era uma nova faixa social, que surgiu em meados do século XX para dar identidade a uma massa de crianças desabrochando, em corpos adultos, que não sabiam, até então, para onde ir ou como se vestir.

Este novo grupo humano, que hoje tem cerca de sessenta, setenta ou oitenta anos, levou uma vida razoavelmente satisfatória. São homens e mulheres independentes que trabalharam durante muito tempo e conseguiram mudar o significado sombrio que tanta literatura latino-americana deu por décadas ao conceito de trabalho.

Longe dos tristes escritórios, muitos deles procuraram e encontraram, há muito tempo, a atividade que mais gostavam e na qual ganham a vida. Supostamente é por isso que eles se sentem plenos; alguns nem sonham em se aposentar. Aqueles que já se aposentaram desfrutam plenamente de seus dias, sem medo do ócio ou solidão, crescem internamente. Eles desfrutam do tempo livre, porque depois de anos de trabalho, criação dos filhos, carências, esforços e eventos fortuitos, vale bem a pena contemplar o mar, a serra e o céu.

Antes, os que tinham essa idade, eram velhos e hoje não são mais... hoje estão física e intelectualmente plenos, lembram-se da sua juventude, mas sem nostalgia, porque a juventude também é cheia de quedas e nostalgias e eles bem sabem disso, conclui a Pujol.

Em 2019, a MetLife conceituou que vida longa e a qualidade de vida andam juntas.

Os japoneses são notoriamente conhecidos pela longevidade. De acordo com a Organização Mundial de Saúde, em 2018, a expectativa média de vida no Japão chegou aos 84.2 anos de idade – homens em média com 81.1 anos e mulheres chegando aos 87.1 anos. O Japão conseguiu um feito mundial: o número de japoneses que chegaram ou ultrapassaram os 90 anos de idade bateu a marca impressionante de 2 milhões de pessoas.

A dieta japonesa é conhecida por ser magra e balanceada. Consiste basicamente em: peixes, frutos do mar, grãos integrais, vegetais e tofu. A comida ocidental ultra processada, comprovadamente responsável por uma série de doenças é praticamente inexistente nos pratos dos nipônicos.

O japonês tem por hábito ser criado em um ambiente que valoriza a vida a céu aberto. Por exemplo, em 2012, pesquisas mostraram que 98% das crianças japonesas já possuíam o hábito de ir à escola de bicicleta ou a pé, mesmo em Tóquio.

Esse tempo ao ar livre traz uma série de benefícios, como a absorção da Vitamina D, cuja deficiência pode acarretar uma série de doenças como câncer, doenças autoimunes, depressão e artrite. Além disso, tempo gasto aproveitando os benefícios da natureza melhora as funções cognitivas e criativas em 20% e 50%, respectivamente, apontam estudos.

O Sistema de Saúde no Japão é considerado um dos melhores do mundo. Combina conhecimento e equipamentos médicos avançados com acessibilidade a todos, seja de forma pública ou num modelo privado híbrido em que o governo arca com pelo menos 70% dos custos dos procedimentos, e consegue dar conta de sua população idosa de forma eficaz.

Acesso a um bom sistema de saúde e dieta equilibrada a base de peixes certamente ajudam a viver mais e com mais saúde. Entretanto, alguns estudos mostram que os japoneses têm maior predisposição a dois genes específicos, que impactam nessa longevidade. O primeiro é o DNA 5178, que protege o indivíduo de doenças adultas como: infarto do miocárdio, doenças vasculares cerebrais e diabetes tipo 2. Já o genótipo ND2-237Met pode conferir resistência a doenças cardiovasculares e aterogênicas.

Publicação lançada pelo Instituto Brasileiro de Geografia e Estatística

(IBGE) mostra que, em 40 anos, a população idosa vai triplicar no Brasil, passando de 19,6 milhões (10% do total), em 2010, para 66,5 milhões de pessoas em 2050 (29,3%). O aumento do número de idosos implicará mudanças profundas em políticas públicas de saúde, assistência social e previdência, entre outras.

As estimativas são de que a virada no perfil da população acontecerá em 2030, quando o número absoluto e o porcentual de brasileiros com 60 anos ou mais de idade vão ultrapassar o de crianças de até 14 anos. Daqui a 8 anos, os idosos chegarão a 41,5 milhões (18% da população) e as crianças serão 39,2 milhões, ou 17,6%, segundo estimativas do IBGE.

Tudo isso vai mexer na formação urgente de recursos humanos para o atendimento geriátrico, além de providências com relação à previdência social, que deverá se adequar a essa nova configuração demográfica, além de melhorias urgentes nas redes de atendimento hospitalar, ajustando-as a esta nova configuração populacional que tende a um crescimento cada vez mais intenso; diz o texto.

Veja o seguinte: até a década de 1980, Salvador não tinha clínicas especializadas em dores. Hoje, são dezenas delas juntamente com as de fisioterapia, pilates e RPG porque os velhos sentem dores com o enfraquecimento dos músculos. Mas, isso não significa que estejam doentes observando-se a palavra clássica para doenças. São tratáveis e até curtem essas clinicas e academias.

Os médicos afirmaram que fazer exercícios no mínimo três vezes por semana, seguir uma dieta balanceada e ter uma vida social agitada - desde o convívio alegre com a família até fazer trabalhos voluntários, encontrar os amigos e frequentar eventos com pessoas conhecidas - são os segredos para viver mais e com qualidade. Quanto mais cedo essa soma estiver presente, mais a pessoa terá velhice melhor.

O mais a gente já sabe: parar de fumar (quem fuma), beber e comer moderadamente. O ditado popular diz que 'véi' morre pela boca ou de queda.

E onde entra o tema do nosso livro "A Cadeira e o Algoritmo" - a harmonia entre as velhas tecnologias com as novas?

Ora, essa é uma questão essencial, o fulcro, pois, as pessoas que hoje estão nas faixas de idades entre 77 e 85 anos foram educadas usando as tecnologias das suas épocas - o livro, o quadro negro, o giz, o caderno de caligrafia, as enciclopédias, a infância e juventude sem uso de TV e computadores, etc, etc - hoje consideradas velhas e obsoletas; e agora enfrentam um mundo plugado na Web, robotizado, cibernético, etc, etc - e têm que se adaptarem a ele.

Evidente que uma pessoa com 80 anos de idade não vai disputar o mercado de trabalho com um jovem, nem jogar futebol; mas, precisa estar atualizado com o uso do iPhone, com os medidores de pressão eletrônicos, com os spas que existem no seu país e podem (e devem) mesclar as duas tecnologias.

Observe, também, que novas profissões vão surgir e outras que eram pouco valorizadas - nutrição, psicologia, geriatria, fisioterapia, cuidadoras, profissionais de educação física e mental, etc - vão ficar em alta.

Tenho um compadre que é produtor rural e engenheiro de profissão. Usa as novas tecnologias da engenharia na parte de irrigação de área de sua fazenda e ao mesmo tempo monta cavalo para percorrer a roça; tem trator de última geração e enxadas e cavadores.

Penso que a sabedoria está nesse contexto. Trabalho produzindo livros para a Amazon e o Wattpad via web, - em aplicativos eletrônicos - para leituras em telas de computadores; mas cuido de fazê-los e lê-los no papel. Meu veiculo automotor tem GPS e meu bandolim data de 1984.

É esse convívio entre o velho e o novo que me faz feliz. Posso contemplar o céu e o mar, andar pelas ruas de sandálias havaianas, curtir o comércio de rua da Av Sete e gravar momentos no meu iPhone ou falar diretamente com meu filho que mora na Espanha sentado na praça da Piedade, onde 4 mártires da Revolução dos Alfaiates foram enforcados.

E, se quiser, ali mesmo, sentado no banco da praça acessar o Google e saber quais os nomes dos mártires e as ações que praticaram no final do século XVIII, em Salvador.

Nós, velhinhos, estamos, pois, plugados, ligados, conectados, nas ruas, nos bares, nas lotéricas, nas livrarias, nas lojas dos Chinas, andando normalmente e consumindo produtos de forma seletiva. O mercado, portanto, que se adapte às nossas exigências.

Agora, com licença que vou comer um acarajé na baiana mais querida das Mercês e tomar uma gelada. - Vai beber o que vovô, pergunta-me a atendente. - Uma Heineken.

CAPÍTULO 26

EMPRESAS BANCAM CONGELAMENTO DE ÓVULOS E MULHERES ADIAM ENGRAVIDAR

Eu e meus três irmãos nascidos em casa entre 1940 e 1949 numa pequena cidade do interior da Bahia fomos monitorados por uma parteira que se chamava Rosa, por coincidência nome de minha avó paterna. As tecnologias da medicina naquela década não permitiam saber se os bebês que vinham ao planeta Terra eram dos sexos masculinos ou femininos. Minha cidade não tinha hospital e as pessoas nasciam em casa, nas zonas rural e urbana. Na área rural a situação era ainda mais complicada: se a parturiente tivesse algum problema - hemorragia, etc - a tendência era morrer.

As famílias - no momento do parto - se reuniam no apoio a parturiente e havia uma roda de palpites para uma aposta informal se a criança seria homem ou mulher. Dizia-se, na intuição, que uma parturiente com barriga grande e redonda, a tendência do filho era do sexo masculino; e se a barriga foi mais delgada, do sexo feminino. Mas, a rigor, ninguém sabia. Era um 'chutômetro": alguns acertavam e outros não.

Meus pais tiveram sorte e nasceram o que era considerado ideal, naquela época, dois homens e duas mulheres, sendo o primogénito homem e depois uma mulher; em seguida, outro homem (eu) e a caçula mulher. Na sequência da família com o passar dos anos, meu irmão mais velho concebeu também dois homens e duas mulheres (netos dos meus pais); minha irmã - a segunda que, em 2022, completa 80 anos de idade - uma mulher e dois homens; eu, uma mulher e um homem; e minha irmã caçula quatro mulheres.

A diferença entre uma geração e outra é que, a partir dos anos 1970 inicia-se no Brasil a ultrassonografia na medicina como um novo campo profissional, ligado principalmente a ultrassonografia obstétrica como ferramenta de valor diagnóstico no acompanhamento pré-natal. Ou seja, podia-se saber, com exames nas mamães a partir da 16ª semana da gravidez o sexo do bebê, a depender da posição que se encontrava no útero, nos primórdios ainda não confiável 100%. Hoje, já existe a ultrassonografia em 3D. Vê-se tudo e em várias partes do corpo humano.

Faço essa preliminar aos nossos leitores sobre o livro que estamos publicando por capítulos no site de literatura www.wattpad.com intitulado "A Cadeira e o Algoritmo" - a convivência das velhas tecnologias com as novas - para mostrar os enormes avanços tecnológicos, neste cap 26, tratando do congelamento de óvulos, mas, que se espalha e abrange todos campos da saúde do homem - na medicina, psicologia, farmacologia, nutrição, fisioterapia, enfermagem, etc, etc - uma vez que esse tema é bem atual e as empresas estão bancando esses serviços para não perderem executivas.

O assunto é relativamente maduro uma vez que já se faz congelamento de óvulos desde a década de 1980, porém, com as novas tecnologias é que se tornou uma alternativa segura para adiar a maternidade. E, mais recentemente, com a Musk, Facebook, Apple, Microsoft e outros grandes empresas oferecendo o congelamento como um 'plus' a mais para segurar executivas em empresas e que vivem o dilema de parar a carreira profissional (ou ao menos diminuir a intensidade do trabalho) para ir a maternidade, o assunto voltou à tona com muita força, em 2022.

Não há dados recentes precisos sobre o assunto no Brasil e no mundo. Estudo da Queen Mary University, de Londres, diz que, após os 35 anos, a qualidade dos óvulos de uma mulher cai bastante e, com isso, aumenta a probabilidade do bebê nascer com Síndrome de Down. Por isso, a solução é congelar os óvulos.

Segundo o SisEmbio (Sistema Nacional de Produção de Embriões), da Anvisa, em 2017, por volta de 75,5 mil embriões foram congelados no Brasil, um crescimento de 13% em relação a 2016, quando isso aconteceu com 66,5 mil embriões. O órgão não informa dados totais de óvulos congelados (é um número diferente do de embriões), mas aponta que em 2017 houve um total de 340,4 mil óvulos produzidos - não necessariamente congelados.

Os dados mais recentes do SisEmbio relativos ao 13º relatório de 2021, com dados de 2019, apontam 100.380 embriões congelados sendo que SP responde pela metade (52501 realizados em 52 clinicas) seguido de MG (8463), RJ (7823), RS (5903), Bahia (3298), CE (3181) e PE (3149) com procedimentos sendo realizados em 22 estados. Ou seja, em todas as regiões do país, com concentração maior no Sudeste (70%), seguida do Nordeste (11%). Entre 2012, primeiro ano da estatística da Anvisa (32181 congelamos) o número subiu para 100.380 em 2019, havendo uma pequena queda entre os anos de 2015 (67359) e 2016 (66597). O relatório traz, ainda, uma série de indicadores técnicos como, por exemplo, média de óbitos por mulher, taxa de fertilização e outros.

Segundo matéria divulgada pela BBC, em 2018, a Clínica Huntington, uma das maiores de São Paulo, com 25 anos no mercado, praticamente triplicou o número de pacientes que congelaram seus óvulos em cinco anos: em 2012, 122 mulheres passaram pelo procedimento; em 2017 foram 353 - um salto de 189%.

Na clínica Fertility, também em São Paulo, em 2013, 65 mulheres congelaram seus óvulos. Foram 180 no ano passado, um aumento de 176% na procura pelo serviço. Há pelo menos cinco anos, empresas como Microsoft, Apple e Facebook começaram a oferecer o procedimento, que pode custar de R$ 10 mil a R$ 20 mil, para seus trabalhadores. A anuidade para mantê-los lá é por volta de R$ 2 mil (bancada pelo funcionário). Hoje, segundo Anvisa, são 55 clinicas em SP.

A headhunter e coach de carreira Luciana Tegon diz que é uma forma de atrair e manter talentos dentro da empresa. "É uma 'solução' para o dilema feminino que é escolher entre o papel de mãe e de profissional fala a profissional. "Elas precisam tomar essa decisão no auge da carreira. Para não perder boas executivas, as empresas oferecem um conforto psicológico em forma do congelamento de óvulos".

A diretora de recursos humanos do laboratório Ferring, Claudia Wrona, conta que a iniciativa surgiu durante uma reunião sobre celebrações para o Dia das Mães. "A gente entende que a maternidade ou a paternidade é um sonho de muitos dos nossos funcionários e temos prazer em viabilizar isso", diz. A companhia oferece o procedimento para trabalhadoras e, desde 2019, a mulheres de funcionários ou funcionárias de até 39 anos. Não há critério de cargo ou tempo de casa.

Benefício ou controle? Uma pergunta ainda em debate com prós e contra. O benefício é criticado por ser um procedimento bastante invasivo e caro. É preciso se submeter a uma consulta prévia, regular o ciclo menstrual, fazer a estimulação com medicação e passar uma tarde na clínica para fazer a coleta de óvulos. O tratamento dura por volta de 45 dias, segundo os especialistas.

Advogados da área trabalhistas entendem que, ainda que haja um benefício, abre-se uma janela jurídica para se acionar uma empresa podendo a ação ser considerada indiretamente interferindo na escolha da funcionária de ser mãe. Há, ainda, a lei da licença maternidade, no Brasil.

É unanimidade entre gestores empresariais que os benefícios corporativos representam um importante fator para atrair e reter talentos. De acordo com uma pesquisa realizada pela Singu Empresas, vertente B2B da Singu, startup do ramo de beleza, 70% das 1.600 pessoas respondentes afirmaram que talvez ou com certeza trocariam de empresa por benefícios melhores.

As empresas, na atualidade, além dos tradicionais vales e convênio médico, cada vez mais se vê negócios apostando em soluções para saúde mental, descontos em academias, creches, farmácias, instituições de ensino e afins, além de programas de mentoria e educação financeira. Então, surgiu esse adicional: o congelamento de óvulos.

O que começou a virar moda nos Estados Unidos com empresas Tesla, Starbucks e Bank of America oferecendo às suas colaboradoras não demorou para chegar no Brasil. A tendência começou a dar seus primeiros passos quando companhias como o LinkedIn e o Magazine Luiza trouxeram a novidade para o mercado local. Mas será que a ideia é realmente boa?

Estima-se que no Brasil, o processo que inclui estimulação, coleta e congelamento esteja na faixa média dos R$ 12 mil a R$ 15 mil. Além disso, há o custeio da manutenção dos óvulos congelados, o que pode representar um gasto mensal de até R$ 2 mil.

A pergunta que fica no ar, contudo, é: o poder de decisão referente à gravidez é exclusivo da mulher ou a empresa pode querer se envolver?

Em artigo no LinkedIn, Erivelton Laureano, CEO da IVF Brazil, consultoria com foco em gestão comercial para mercados de especialidades médicas, pontuou que há, no Brasil, cerca de 11 milhões de mulheres de 20 a 35 anos com perfil para o congelamento de óvulos. Investir no benefício, segundo ele, pode ser fundamental para que as organizações tenham equilíbrio de gênero, ambiente inclusivo e que trate a maternidade como um acréscimo e não uma barreira ou problema, atratividade e potencial para conquistar novos talentos.

Em matéria enviada ao Bahia Já a ginecologista e obstetra especialista em reprodução humana, Dra. Carolina Curci, explica que o procedimento tem sido bastante procurado e auxilia principalmente as mulheres que optaram em adiar a maternidade.

A maternidade é considerada um sonho comum entre as mulheres, mas com o passar dos anos, parte delas adiam esse sonho para se estabilizarem profissionalmente, financeiramente e emocionalmente, entre outras questões, como o parceiro ideal. Segundo Carolina Curci é preciso destacar que a fertilidade da mulher é finita, ou seja, elas nascem com um número de óvulos definido para toda a sua vida fértil, e por volta dos 35 anos de idade, ocorre uma perda significativa de quantidade e qualidade dos óvulos, que é o que dificulta a gestação.

Para realizar o tratamento é necessária uma avaliação das condições da paciente em todos os aspectos, serão realizados exames, entre eles o que detecta a reserva ovariana e com o diagnóstico em mãos, se inicia a preparação com aplicação de injeções com hormônios fisiológicos, se trata da fase de estimulação ovariana. Após esse processo, acontece a etapa de coleta e congelamento de óvulos, ambas no mesmo dia. "Vale lembrar que o procedimento não afeta a reserva ovariana, os óvulos aproveitados são os que seriam descartados pelo organismo", ressalta Carolina.

A diretora técnica da Clínica Curci comenta que não há um prazo de validade para uso desses óvulos já que o útero envelhece de uma maneira muito mais lenta e, por isso, os óvulos poder ser utilizados até 15 anos após o congelamento

Evidente que esse é um tema que será abordado sobretudo pela psicologia nas décadas seguintes quando essas mamães resolverem engravidar e terem filhos já numa idade madura. Falo com alguma experiência, pois, sem o uso dessas tecnologias, tenho filhos de 50 anos e 28 anos. Ou seja, minha primeira filha quando nasceu eu tinha 27 anos e o segundo 49 anos. O comportamento de um pai com 27 anos na década de 1970 era um; e o comportamento de um pai (chamado de pai velho) na década de 1990, outro.

Imaginem vocês, portanto, que algumas dessas mamães venham a ter filhos nas próximas décadas 2030/2040. Serão mulheres na faixa de 40 a 50 anos. Quando seus bebês estiverem adolescentes, fase bastante complicada dos jovens, essas mamães terão entre 56 e 66 anos de idade. Uma das perguntas: uma mãe com 66 anos de idade vai levar a filhota para uma 'rave ou um show de rock?

Certamente, casos para atendimentos psicológicos serão ampliados e não se tem, hoje, uma resposta para eles porque vai depender da evolução da sociedade. Pode ser que, em 2050, a depressão não seja mais o mal do século como se diz, hoje. Que as mulheres, hoje, com 35 anos de idade e, em 2052, com 65 anos, tenham comportamentos diferenciados.

Vimos, recentemente, em SP, com o Lollapalooza, muitos pais levando os filhos e até os netos para curtirem o festival rock numa integração perfeita. O mundo gira, se movimenta, portanto, não se deve ter medo das novas tecnologias e do congelamento dos óvulos nem das novas gerações que habitarão a terra. O cérebro tem uma capacidade incrível de ir se adaptando a todas situações, até nas narrativas espirituosas, como diria Lacan.

Outro dia estava num shopping com minha sobrinha provando um sorvete. A senhora Drumond, tentando ser irônica, ao ver-nos se aproximou e perguntou: - É sua filha, Franco? - Não, minha neta, respondi. - Passar bem, disse ela e se foi.

Rimos a Fafá de Belém vendo-a seguir adiante.

Capítulo 27

AS BONECAS INFLÁVEIS E O NOVO MUNDO ERÓTICO

Um dos segmentos que mais cresceram em vendas durante a pandemia do Coronavírus - já dura dois anos e só agora (abril de 2022) começa a ter um relaxamento no Brasil sem a necessidade do uso de máscaras protetoras contra o vírus e dá-se o retorno das relações sociais em eventos - foi o mercado de produtos eróticos. Entre os itens mais vendidos no mercado brasileiro estão os vibradores; e no âmbito mundial, especialmente na China, as bonecas de 'cyberstar' (material patenteado pela NASA), sucesso atual dos brinquedos eróticos.

As bonecas infláveis nos modelos mais atuais fabricadas com uso das novas tecnologias entraram nos catálogos de vendas on-line a partir dos anos 1980, mas, ganharam mais realismo - se é que podemos usar essa palavra - na década passada com o aperfeiçoamento das 'dollys'. Acredita-se, no entanto, que os primeiros modelos tenham sido feitos por marinheiros holandeses no século XVII.

Portanto, como estamos abordando em nosso livro intitulado "A Cadeira e o Algaoritmo - a harmonia entre as velhas e as novas tecnologias" esse item do vasto caleidoscópio - como diria Lacan - do mundo dos brinquedos eróticos é antigo e permanece atual. E, a cada avanço e expansão de vendas no mercado, os psicólogos e analistas de cabeças ainda não têm uma cultura estabelecida sobre o assunto.

Afinal, o que faz com que 'sapiens' (especialmente chineses e japoneses, mas, de boa parte do planeta endinheirado) optem, hoje, de forma mais duradoura e não apenas como um momento de escape ou emergência (diz-se que Hitler encomendou infláveis para suas tropas) para uma dolly e/ou um boy permanentes?

Há depoimentos sobre alguns usuários considerados - aos olhos atuais - estarrecedores dando conta de que "são pacíficas, não proporcionam divórcios, não enchem o saco, não tem ciúmes e assim por diante". Ora, seriam, assim, ideais porque satisfazem no sexo (alguns, atuais, gemem e falam palavras amorosas) e não criam problemas. Isso valendo para os dois sexos?

Mas, onde entram as relações sociais, afetivas, emotivas, do carinho, do amor, do debate, do companheiros, do acompanhamento e outros nesse contexto?

O 'sapiens' estaria entrando numa fase alienígena? Haveria bares e clubes onde possam os homens e mulheres levarem seus brinquedos?

Trata-se, pois, de algo que ainda está em debate. No Japão, já houve casos de pessoas que pediram para oficializar o casamento com uma cibyestar (que lá se chama rabu duru - bonecas do amor) e outros (dezenas) que levam suas bonecas ao parque, a pic-nics, aos restaurantes e assim por diante. E alguns homens (considerados solitários) já disseram que amam suas bonecas e querem ser enterradas com elas.

Isso representa uma loucura?

Não. Trata-se de um novo tipo de comportamento do 'sapiens', de pessoas normais que trabalham - alguns são executivos - e levam uma vida considerada normal. O que vai advir disso, mais adiante, daqui a 20 ou 30 anos nos estudos da psicologia ninguém sabe. Os teóricos poderão dizer, hoje, que se trata de um devaneio, um artifício perigoso, uma irresponsabilidade, mas, o que vê, na prática, é que as vendas das (dos) infláveis só crescem.

Os dildos eram construídos em pedra e madeira e são considerados os mais antigos brinquedos eróticos do mundo, encontrados em 2010 numa caverna de Hohle Fels (Alemanha), um pénis ereto com cerca de 20 cm de comprimento e 3 cm de largura, feito de pedra (Galastri e Moskowitz, 2010; Nina, 2017). Os pesquisadores afirmam que este "brinquedo" sexual tinha entre 28 a 30 mil anos, data do período paleolítico superior, quando os seres humanos passaram a habitar cavernas. Ora, os dildos, hoje, ainda são muito comercializados em silicones, vibráteis e outros.

Em matéria publicada pelo colunista Amaury Jr na internet - ano de 2020 - Denise Sato pioneira no ramo de sexy shop e colaboradora da feira Intimi Expo, trazendo novidades do mercado, obteve números impressionantes do consumo de " brinquedinhos sexuais" na pandemia. A venda de vibradores ultrapassou 1 milhão de unidades nos últimos 3 meses, além de outros produtos correlatos. Uma das novidades do acervo de Denise é a nova geração das bonecas para o entretenimento sexual, feitas de, cyberskyn (matéria patenteada pela NASA por assemelhar-se com a pele humana), o que imita a textura da pele feminina quase com perfeição.

Vendidas hoje à razão de 15 mil reais as bonecas, com diferentes versões, têm conseguido a melhor receptividade apesar de seu preço salgado. E mais: as bonecas vêm com vértebras em aço, ficam em qualquer posição, esquentam, têm unhas, cílios, cabelos, e são equipadas com um simulador de gemidos.

A pedido do CNN Brasil Business, a plataforma de comparação de preços Zoom & Buscapé fez um levantamento que mostra a evolução na busca por produtos eróticos no site. Comparando dados de janeiro e maio, a maioria dos itens teve aumento de pelo menos 30% na procura. Destaque para os jogos eróticos, que subiram 41%. Comparando apenas abril e maio, a busca por comestíveis eróticos cresceu 113%

Essa procura avassaladora beneficiou principalmente as lojas que já possuíam forte presença no e-commerce. A Dona Coelha, sex shop voltada para o público feminino que opera online desde sua abertura em 2011, registrou um aumento de vendas de 475% comparando com o mesmo período do ano anterior.

Natali Gutierrez, co-fundadora do negócio e especialista em sex toys, conta que normalmente recebiam 150 pedidos por dia, número que aumentou para 400 durante a pandemia. No período, está sendo especialmente notória a procura de clientes novos. "Começam com algo mais suave, para que a primeira experiência não se torne algo traumático, e depois avançam para produtos como vibradores", conta.

A Intt, marca que produz cosméticos eróticos e importa sex toys, também se surpreendeu com o movimento. A empresa até possui um marketplace online, mas a maior parte das suas receitas vem da distribuição dos produtos para as lojas, estando presente em todos os estados do país e em 38 mil pontos de venda. Os pedidos chegaram a cair em março, então neste primeiro momento a empresa decidiu fabricar álcool em gel para segurar a operação. Em abril, no entanto, o mercado voltou a aquecer.

A escritora e ex-presidente da Associação Brasileira das Empresas do Mercado Erótico e Sensual (ABEME), Paula Aguiar, realizou uma pesquisa com 120 lojistas através do site Mercado Erótico. "Já foram vendidos mais de um milhão de vibradores no Brasil nesta quarentena", diz. "Este período trouxe clientes que estavam fora do escopo do mercado. Pessoas que, se não fosse a pandemia, talvez não pensassem em comprar estes produtos", resume.

A prática do swing precisou ser adiada durante a quarentena. No entanto, a prática tem migrado para a internet: o Sexlog, site voltado para este público com mais de 12 milhões de usuários, viu a base de cadastros crescer em 20% e a de assinantes pagos em 6%. Diretora de marketing do Sexlog, Mayumi Sato afirma que a empresa notou um aumento de lives e de envio de vídeos durante o período do isolamento.

"As pessoas estão utilizando este período como um esquenta do que está por vir. Mantendo os contatinhos em dia e esperando o momento em que vão poder se encontrar ao vivo novamente", diz. Os dados do Sexlog também mostram que o tráfego tem começado mais cedo, às 22h, duas horas antes do que costumava ser.

Condição de quem se sente sexualmente excitado com robôs que tenham uma forma humana. É uma atração fetichista com humanóides ou robôs; assim também como seres humanos que atuam ou se veem como robôs. São divididos em dois grupos: aqueles que querem fazer sexo com robôs e aqueles que querem se tornar robôs.

O andróidismo é um fetiche em que as pessoas só se excitam com andróides, bonecos ou robôs. Antigamente, a masturbação e o sexo oral eram vistos como parafilias. Ainda não é tão comum e terapêutico o uso de uma boneca inflável, mas isso pode se tornar razoável se servir para cultivar o erotismo e experimentar coisas novas. O problema, como sempre, é quando essa prática se torna obsessiva e exclusiva. Ou seja, quando não dá espaço para outras práticas ou, no caso, se transforma em substituto das relações humanas.

Porém uma fabricante de brinquedos sexuais dos Estados Unidos relatou que teve um aumento substancial em todas as suas vendas. Os itens mais procurados foram seus bonecos realistas. No primeiro semestre de 2020 a empresa já vendeu mais bonecos sexuais que em todo ano de 2019.

A matéria-prima das bonecas realistas é o silicone e a estrutura que se assemelha ao esqueleto humano é de PVC, um tipo de plástico resistente e que possibilita todos os movimentos. Algumas tem sensores de movimento, abrem e fecham os olhos e algumas mais tecnológicas emitem sons durante o ato.

Em uma apresentação em 2019, no Simpósio de Saúde Mental da Sociedade de Psicologia Evolutiva Aplicada, em Boston (EUA), a psicóloga clínica e terapeuta sexual Marianne Brandon apresentou um estudo onde aponta que robôs sexuais hiper-realistas podem ser indicados por médicos para pacientes com disfunções sexuais.

Ainda de acordo com a terapeuta, o congresso americano tem probabilidade de aprovar a legislação que torne possível a indicação destes robôs, por médicos e ainda a cobertura por planos de saúde.

A China fabrica 70 por cento dos brinquedos sexuais do Mundo, e com uma classe média com mais liberdade e dinheiro do que nunca, não é nenhuma surpresa que as pessoas procurem prazeres de uma forma mais experimental.

O que diz a ciência ?

De acordo com a Psicologia, o "andróidismo" é uma parafilia em que as pessoas sentem atração sexual por robôs ou bonecos com aparência humana. Ainda de acordo com a ciência, não há problemas graves nestas pessoas, a não ser que se torne obsessão e o indivíduo só tenha relações com bonecos, substituindo as relações humanas.

Conclusão: Não há mal algum. Mas, na vida tudo tem uma evolução e ainda não sabemos como o andróidismo vai evoluir. Ha alguns anos passados, não muitos, era incomum a convivência de casais em família ou nas relações sociais homem + mulher; homem + homem; mulher + mulher; homem + trans.

Cada qual vivia em seu gueto. O normal era homem + mulher. Com o passar dos anos e a adoção dos casamentos homoafetivos essa convivência, hoje, se modificou bastante e é possível (e visível) frequentar ambientes sociais - clubes, dancings, academias, etc - tudo junto e misturado sem preconceitos.

Mas, ainda é raríssimo - pelo menos no Brasil - vê-se numa academia ou num clube social um cidadão ou uma cidadã chegar com seu inflável. Já existem clubes no exterior em que isso é permitido e no Japão usam-se muito os parques. Então, não devemos nos assustar se daqui a mais 10 anos alguém chegar para malhar com sua inflável do lado e ficar batendo papo com ela enquanto faz uma esteira.

Com o avanço das novas tecnologias tudo isso poderá ser factível e realizável.

Capítulo 28

O COPO NA VIDA DO HOMEM E O CÁLICE USADO POR JESUS CRISTO

Recentemente fui a show de um artista sertanejo famoso e centenas de jovens e maduros e maduras da classe média estavam usando um copo térmico ostentação para cerveja que custa entre R$110,00 a R$250,00 a unidade. Há de todos os tipos e os mais vendidos são o Stanley e o Coleman com tampa. Alguns vips recebem-nos nos camarotes com a marca das cervejarias impressas. Eu, bebedor de cerveja à moda antiga, uso o copo americano da Nadir Figueiredo que custa entre R$1,19 e R$1,99 na Freitas ou na Ferreira Costa.

Temos, então, dois exemplos bem simples de copos que utilizam novas e antigas tecnologias. E trago esses exemplos inicias para abordar o tema copo

- originário de vaso do paleolítico - para ambientar o 28º capitulo do nosso livro "A Cadeira e o Algoritmo - a convivência entre as novas e as velhas tecnologias" - abordando um dos objetos mais antigos usados pelos 'sapiens', não se sabe exatamente quando a prática de usar um vaso para beber água - líquido natural do planeta terra e essencial para a vida do homem - tenha começado.

É provável que os contemporâneos de Lucy na Etiópia, há 3.200.000 de anos, considerada a primeira "homidiea" ainda bebessem a água como os animais usando a boca diretamente nas lâminas d'águas dos rios, lagos, lagoas, nascentes, poços e outros. O certo é que o homem, sem o uso da água, não sobreviveria, ainda mais no Continente Africano onde tudo teria começado. Ainda existe, na Tanzânia, uma tribo chamada hadza - única no mundo de coletoras-caçadoras - que habitam a região Norte há 40 mil anos, vivendo de frutas, tubérculos e da carne de 30 mamíferos diferentes.

Há registros do paleolítico - período que vai de 2.300.000 até 15 mil anos atrás - quando o 'sapiens' deixa de ser coletor-caçador e se organiza em comunidades agrícolas, da existência de inúmeros tipos de vasos - em pedra e cerâmica - usados para fins de alimentação - a guarda de alimentos, grãos, em especial, e água.

Não há uma data certa de quando a prática do uso do vaso - caneca, copo, etc - tenha chegado à mesa de forma mais organizada. O registro mais famoso da humanidade é o da santa ceia da qual teria participado Jesus Cristo e seus apóstolos quando JC usou um vaso de pedra - ágata - para colocar vinho e houve uma confraternização coletiva cada um dando uma bicada ou gole. Embora esse vaso fosse um caneco sem abas, a igreja católica emoldurou-o com uma base de metal e abas tornando-o um cálice, que se encontra uma capela na catedral basílica da cidade de Valencia, na Espanha.

A história do copo, portanto, é tão antiga quando a existência do homem e vamos acompanhar como se deu essa evolução ao longo dos séculos. Importante observar que, independente dos avanços na fabricação dos copos - pedra, metais, vidro, fibras sintéticas, etc - os formatos são muito parecidos e a finalidade é a mesma: ingerir um líquido pela boca. Isso, portanto, não se modificou ao longo dos milênios.

Lucy o fóssil 'Australopithecus Afarensis' de 3,2 milhões de anos, descoberto em 1974 pelo professor Donald Johanson, um americano antropólogo e curador do museu de Cleveland de História Natural e pelo estudante Tom Gray em Hadar, no deserto de Afar, na Etiópia, é considerada um dos primeiros 'sapiens' da Terra.

Donald Johanson e Tom Gray comemoraram a descoberta no seu acampamento ao som da música dos Beatles "Lucy in the Sky with Diamonds". Foi por esta razão que o fóssil ficou conhecido com o nome Lucy. O nome mais recente é Dinknesh, que siqnifica "Tu és maravilhosa!" em amárico, língua semítica do tronco afro-asiáticas oficial na Etiópia.

É provável que naquela época os 'sapeins' ainda bebessem água dos rios e lagoas diretamente com a boca n'água. Não há uma data em que tenham usados objetos em pedra e/ou cerâmica para essa finalidade. Estima-se que, no Paleolítico - período da Pré-História que se estendeu, aproximadamente, de 2,5 milhões de anos atrás até 12 mil anos os grupos viviam de maneira nômade. Mas, há registros de vasos catalogadas como dessa época.

Na Idade da Pedra divide-se em Período Paleolítico ou Idade da Pedra Lascada (do surgimento da humanidade até 8000 a.C.); Período Neolítico ou Idade da Pedra Polida (de 8000 a.C. até 5000 a.C.);

A Revolução Neolítica marca a transição da vida de caça e coleta nômade para o sedentarismo agrícola - comunidades agrícolas organizadas. O 'sapiens' se estabeleceu em determinadas áreas criando bodes, cães, galinhas, etc, e cultivando trigo. Houve, então, a necessidade de cercar alguns sítios para evitar ataques de animais. Posteriormente, para se defender de outros grupos de 'sapiens'.

Os primeiros objetos em cerâmica foram moldados à mão entre 6.500 e 3.000 a.C.. Com a invenção da roda de oleiro (ainda hoje usada em algumas comunidades como na era neolítica) a fabricação de vasos cresceu. Adicionou-se (não se sabe quando) uma alça ao processo de produção criando a caneca. Um exemplo desse tipo de artefato foi encontrado na Grécia datado de 4000–5000 a.C. Quem for a Maragogipinho, na Bahia, ainda pode ver a fabricação de vasos à moda do neolítico nas olarias de fundo de quintal.

O mais famoso objeto no formato de copo ou caneca teria sido usado por Jesus Cristo na Santa Ceia e a igreja católica considera que essa peça em ágata (pedra com variadas cores) também chamada de "O Santo Graal" está guardada numa capela da catedral de Valencia, Espanha. Conheço esse objeto que foi ornado com uma base e alças de metal (ouro) para dar a simbologia de um cálice. João Paulo II, papa, esteve em Valencia orando em frente a esse cálice - do latim calix ou do grego kylix.

As primeiras canecas de barro tinham paredes grossas e não se encaixavam bem nas bocas. As paredes foram ficando mais finas com o desenvolvimento de técnicas de usinagem. Depois, surgiram as canecas de metal produzidas em bronze, prata, ouro e até mesmo chumbo.

A invenção da porcelana data de 600 d.C. na China e surgiram as canecas de paredes finas adequadas para líquidos frios e quentes, que são apreciadas até o século XXI. A porcelana chinesa é uma das mais valorizadas no planeta até hoje.

O arquiteto inglês Robert Adam foi quem sugeriu ao ceramista Josiah Wedgwood colocar alças nas tigelas e copos. Foi então criada a primeira xícara, em 1750. Wedgwood fundou uma fábrica em 1759 e até hoje a marca é referência na fabricação de peças de porcelana.

*****

O VIDRO: Conta-se que foi descoberto por acaso a partir de fogueiras nas praias. Navegadores perceberam que a areia e o calcário (conchas) se combinaram através da ação da alta temperatura. Há registros de sua utilização desde 7.000 a.C. por sírios, fenícios e babilônios.

As principais matérias-primas para produção de vidro são areia (sílica), feldspato, calcário, carbonato de sódio, carvão, sulfato de sódio e hematita. A origem do copo de vidro se deu juntamente com a descoberta da técnica do vidro soprado, pelos sírios.

As taças de vidro teriam sido inventadas no século IX na Andaluzia por Abu l-Hasan 'Ali Ibn Nafi', durante o período da invasão moura na Península Ibérica. Ele substituiu os copos de metal pelas taças de vidro transparente a fim de realçar a cor do vinho

COPO AMERICANO: O popular "copo americano" completou 75 anos neste 2022 – mas engana-se quem pensa que o objeto surgiu nos Estados Unidos. Na verdade, trata-se de uma criação brasileira, que em 2010 atingiu a marca de 6 milhões de unidades vendidas.

O copo foi desenhado por Nadir Figueiredo na cidade de São Paulo. Seu design foi idealizado pensando em um produto difícil de ser quebrado, fácil de segurar e que fosse barato. A ideia deu certo e, com certeza, não há no país uma padaria, bar ou restaurante que não use esse tipo de utensílio.

A capacidade oficial é de 190 mililitros, mas a Nadir Figueiredo já produz outros tamanhos do ícone. No site da empresa, além do tradicional, encontramos copos americanos de 40 mililitros, de 300 e até de 450 mililitros. O copo americano é considerado também um símbolo do design nacional. Em 2009, foi exposto no Museu de Arte Moderna (MoMA) de Nova York, entre outros setenta produtos que representavam o estilo de vida dos brasileiros. A fábrica fica em Suzano, SP.

O nome "americano" fazia alusão ao maquinário usado para produzir as primeiras unidades, importado dos Estados Unidos. Hoje, as máquinas são brasileiras, e estima-se que já foram produzidos mais de 6 bilhões de copos americano

Nos anos 90 este ícone foi eleito o melhor copo para se tomar cerveja do Brasil. O copo se tornou parte integrante do dia a dia dos brasileiros que passou a ser utilizado como padrão de medida para receitas, bolos, soro caseiro e até medida de sabão em pó.

AS TAÇAS: O estilo de taça que conhecemos hoje teve origem na Grécia quando os deuses do Olimpo estavam à procura do recipiente de maior beleza para degustar a sua bebida divina. Segundo a mitologia, Apolo escolheu a forma dos seios da mulher mais bela para a criação desse recipiente. Os místicos e alquimistas associavam a taça ao elemento feminino e à água, à fecundidade da Mãe, uma simbologia que ficou ligada à taça, por exemplo nas cartas de Tarot e mais tarde no naipe de copas das cartas de jogar.

Qual a taça ideal para tomar vinho?

"Profissionalmente, utiliza-se a taça do tipo ISO para provar o vinho. Mas, caso ela não esteja disponível, o ideal é optar por uma taça com bojo redondo e paredes para dentro que evitem a fácil dissipação dos aromas. O bojo redondo é necessário para que não haja demasiada turbulência ao girar a taça.

Uma das taças mais famosas é a Bordeaux: Ela é feita para abrigar vinhos tintos que possuem maior concentração de tanino. O tanino é uma substância presente na casca da uva que dá a sensação de secura no vinho.29 de abr. de 2020

É indiferente que elas tenham ou não pé, já que o sabor da água não altera com a temperatura. Mas, normalmente, a diferença mais notável entre taça de vinho e de água é o maior tamanho dessas em comparação às de vinho no geral.

COPO DE UISQUE: Chama-se 'On The Rocks' e é um copo de boca e bojo largos, porém baixo e sem haste. Ele é utilizado para servir bebidas que precisam de muito gelo (como o whisky) ou drinks com frutas e outros ingredientes (como as caipirinhas).

A curvatura e o formato do copo estão entre os fatores mais importantes acerca da escolha de um bom copo para whisky. Uma peça com a boca mais estreita irá permitir uma melhor apreciação do aroma do malte. Isso porque essa característica de design permite que o aroma chegue ao nariz sem se dispersar pelo ambiente.

No geral, há uma série interminável de designs sobre copos, taças, canecas e outros alimentados pelas novas tecnologias e descrições detalhadas de taças para vinhos de todos os tipos. Não vamos entrar nesses detalhes porque o texto ficaria extenso demais.

Há uma farta literatura sobre esses assuntos. O importante é destacar, em linhas gerais, a relevância do copo para o homem, um dos objetos mais antigos de sua existência e que já mudou de formas e estilos os mais variados, porém, segue o mesmo princípio do paleolítico usado para beber água.

Água, terra e fogo são os três elementos gerais da vida. Quando se mistura a terra com o fogo obtêm-se o vidro. Daí vem o copo em que se bebe a água.

Capítulo 29

TURISMO ESPACIAL É A NOVA MANIA DOS RICOS COM AVANÇO DAS HIGH TECH

Criança que brincava no jardim do chalé dos meus pais situado na zona seca do interior da Bahia, em meados de 1950, vi pela primeira vez um avião que prestava serviços ao DNOCS e posou na minha aldeia causando o maior reboliço na comunidade. A população em peso olhou para o céu e eu fiquei de queixo caído. Entre o primeiro voo de Santos Dumont, 1906, em Paris, com o 14 Bis e este voo na Serrinha que conduzia engenheiros, se passaram 40/45 anos. O avião havia se tornado um elemento de transporte importante em todo mundo depois de atuar fortemente na II Guerra Mundial como arma (bombardeio). Londres foi destruída pelos RAF alemã.

Em 26 de janeiro de 1927 o Brasil autorizou a Condor Syndikat a voar. No dia 3 de fevereiro de 1927 aconteceu o primeiro voo comercial VARIG - fundada por Ruben Berta - entre Porto Alegre e Rio Grande, fazendo escala em Pelotas. A VARIG - até os dias atuais - é uma empresa que ficou no coração dos brasileiros, uma marca muito forte, adquirida pela GOL, em 2007.

Já o primeiro voo comercial do mundo foi realizado em janeiro de 1914, ligando as cidades de Saint Petersburg e Tampa, ambas na Flórida. UM hidroavião levava os passageiros entre as duas localidades em 23 minutos.

O Viking - avião russo - foi o primeiro jato comercial de passageiros, em abril de 1948. Os primeiros jatos comerciais construídos especificamente para tal fim, foram o britânico de Havilland Comet e o canadense Avro Jetliner.

Veja, portanto, que quando eu nasci (1945) já voavam os jatos e não saberia dizer qual o prefixo e a marca do avião que posou em Serrinha, na década de 1950, e que tanto assombro causou, mas, a verdade é que o 'sapiens' já estava voando desde quando meu pai, que nasceu em 1910, era menino.

As novas tecnologias seguem assustadoras. Nos dias atuais, o mandatário da Rússia, Vladimir Putin, com poderes de um absolutista, ameaça o Ocidente com armas nucleares a serem lançadas por foguetes, o parente mais moderno do avião. - "Se alguém decidir intervir de fora nos eventos em curso e criar ameaças estratégicas inaceitáveis para nós, eles devem saber que nossa resposta a esses golpes que se aproximam será rápida, extremamente rápida" - diz Putin.

O que também podemos observar é que a beira da III Guerra Mundial, já sinalizada pelo chanceler russo, o 'simpático' Sergei Lavrov, as máquinas voadoras continuam a ter duas utilidades básicas - a aviação comercial e a aviação de guerra - com suas variantes - meteorológica, agrícola, de combate a incêndios - e mais recentemente o turismo espacial.

Nessa relação entre as velhas e as novas tecnologias, eu, que vi o monomotor posar em Serrinha e já viajei num DC-3 Douglas para Recife, na década de 1960, hoje, aos 77 anos, se dinheiro tivesse poderia ir ao espaço no Virgin Galactic.

Três empresas norte-americanas Virgin Galactic, Blue Origin e SpaceX intensificaram a disputa por voos espaciais a passageiros que podem pagar caro para ver a terra e outros astros de outro angulo. O nicho é considerado promissor e os principais atores já fizerem viagens experimentais: Richard Branson e Jeff Bezos viajaram em naves de suas empresas, enquanto a companhia de Elon Musk fez história com três dias em órbita.

Recentemente, no campo das novas tecnologias Musk comprou o twitter por 44 bilhões de dólares. Isso mesmo: algo em torno de R$220 bilhões. O preço da metade da Petrobras que vale R$442 bilhões (fev/2022).

Tudo isso que colocamos acima abordamos em nosso novo livro intitulado "A Cadeira e o Algoritmo" e analisamos a convivência entre as novas e as velhas tecnologias. E esse tema de viagens ao espaço tripuladas por homens começou com a viagem da Apollo 11 em voo espacial norte-americano responsável pelo primeiro pouso na Lua com os astronautas Neil Armstrong e Buzz Aldrin alunissaram o módulo lunar Eagle em 20 de julho de 1969.

Depois já aconteceram várias viagens tripuladas por russos, americanos, chineses, japoneses, etc, visando aprimorar a tecnologia das comunicações - mercado bilionário de transmissão de dados - e agora volta-se para o turismo.

O que faz um cidadão comum ir ao espaço só pode ser o gosto pela aventura, o desejo de ver o espaço e a Terra de outra dimensão - nada mais do que isso - a um custo de R$2 milhões de reais. Óbvio que um turismo reservado a pessoas ricas. Mas já tem fila de espera.

Ora, desde que o 'sapiens' ganhou o espaço com o vôo de Alberto Santos Dumont em uma distância de 60 metros com o 14-Bis, no Campo de Bagatelle, Paris, e marcou historicamente aquele 23 de outubro de 1906 consagrando ainda mais o inventor - até os dias atuais - houve uma evolução imensa do transporte de passageiros pelo espaço.

É só lembrar que a viagem de Thomé de Souza para instalar o governo geral na Bahia, em 1549, as naus partiram do porto de Lisboa em 1º de fevereiro de 1549 e chegaram a Vila Velha do Pereira em 29 de março, 57 dias no mar. Hoje, um voo entre Salvador e Lisboa dura em média 9 horas pelos Airbus da TAP.

E, no caso da transmissão de dados, em 1554, quando o 1º bispo do Brasil, dom Pero Fernando Sardinha foi devolvido a Lisboa (nessa época os reis de Portugal é quem indicavam os bispos em comum acordo com os papas) diante de uma briga com o segundo governador, Duarte da Costa, e sua nau naufragou na costa de Alagoas ele e os demais sendo devorados pelos Caetés, até que a notícia chegasse a Salvador, sede do governo Geral, e depois a Lisboa se passaram 90 dias. E um segundo bispo (Dom Leitão) só foi enviado em 1555. A comunicação era feita por carta com selo da Coroa e levada pelas naus, por isso, demorava tanto.

Hoje, a viagem de Airbus entre Salvador e Lisboa dura 9 horas, porém, a comunicação de dados entre as duas cidades dura apenas segundos pelo Whatsapp. Ou seja, um passageiro, em Salvador, pode se comunicar com um amigo ou parente em Lisboa, de forma imediata que está embarcando. Caso aconteça algo com o atual arcebispo de Salvador, dom Sérgio da Rocha, o papa Francisco é informado em instantes. Veja, portanto, a diferença: o transporte de pessoas com Thomé (57 dias); hoje, 9 horas; e o transporte de dados com Thomé (57 dias); hoje, instantes.

A Blue Origin, empresa de voos espaciais que o empresário norte-americano Jeff Bezos fundou nos anos 2000, informa que já faturou quase US$ 100 milhões em passagens privadas ao espaço. Bezos deu uma entrevista para jornalistas na 3ª feira (20.jul.2021) depois do norte-americano voar ao espaço por 11 minutos em um foguete da empresa. "Nós estamos nos aproximando de US$ 100 milhões nas vendas privadas. A demanda está muito alta, então continuaremos atrás disso", disse.

A Virgin Galactic começa hoje a oferecer ao público em geral passagens para o espaço. A empresa de Richard Brandson fez a primeira missão tripulada privada ao espaço em julho de 2021e, com o início das vendas, fica oficialmente aberto o turismo para fora da Terra para pessoas que não sejam astronautas ou convidados.

O bilhete, no entanto, é restrito a um número pequeno de pessoas que possam pagar seu preço "astronômico". Os interessados terão que desembolsar de cara um depósito de US$ 150 mil (cerca de R$ 777 mil), mas não para por aí. O valor final do passeio deve chegar a incríveis US$ 450 mil (R$ 2,3 milhões)! No valor já está incluso treinamento, "acomodações personalizadas" e "comodidades de classe mundial".

"Planejamos ter nossos primeiros 1.000 clientes a bordo para o início do serviço comercial ainda este ano, fornecendo uma base incrivelmente forte à medida que iniciamos as operações regulares e dimensionamos nossa frota.", disse Michael Colglazier, CEO da Virgin Galactic.

Conclusão: remeto ao subtítulo do livro quando falo da harmonia entre as novas e as velhas tecnologias e pergunto: onde vamos parar? Ninguém sabe. Em andamento estão os carros voadores e as estações (vertiports) - aeroportos para veículos - já estão sendo construídos em várias partes do mundo, a alemã Lilium strutaps constrói um deles em Orlando e no Reino Unidos, neste 2022, foi inaugurada em Conventry o Vertiport Air-One.

Portanto, nada mais surpreende nesse mundo da 4ª era industrial da robótica e da Inteligência Artificial.

CAPÍTULO 30

A DEMOCRATIZAÇÃO DAS NOVAS TECNOLOGIAS

Nos dias atuais, as novas tecnologias são usadas de forma universal pelas pessoas muito mais rápido do que no século XX. Essa especialidade se deve, em grande parte, graças a internet meio de comunicação que revolucionou de maneira global a humanidade. Mas, também, a outras invenções nas áreas de transporte, educação, saúde e infra-estrutura. Um conjunto de conhecimentos e práticas.

Ninguém poderia imaginar que uma invenção que surgiu nos EUA, em 1969, com o nome de Arpanet e cuja função era interligar laboratórios de pesquisa quando um professor da Universidade da Califórnia passou para um amigo em Stanford o primeiro e-mail da história. Essa rede pertencia ao Departamento de Defesa norte-americano. De lá para hoje, 53 anos apenas, houve modificações intensas na rede e o surgimento do iPhone.

Lançado em 2007 pela Apple i iPhone mexeu com o mundo. Onde se vai, na Amazônia ou no Tasaquistão; em lugares remotos como nos confins do Alasca ou nas areias do deserto do Saara ele está presente em mãos de alguém.

Quando digo que as novas tecnologias chegam mais rápido ao 'sapiens' para uso prático, efetivo, doméstico, lembro que nasci numa cidade do interior da Bahia, em 1945, e esperei 16 anos para fazer uso de uma rede de energia elétrica. Imaginem! Thomas Edison inventou a lâmpada elétrica em 1879 e D. Pedro II lhe concedeu, no mesmo ano, a permissão de implementar seus equipamentos no país para fins de iluminação pública. Em 1880, a energia elétrica já era comercializada no país.

Mas, como eu só fui desfrutar dessa nova tecnologia, em 1961, quase um século depois, se o trem chegou a minha cidade como grande inovação tecnológica, em 1880?

A questão é que para levar a energia ao interior do país era preciso uma rede de transmissão física com torres e fios e esse sistema interligado a uma hidrelétrica para mover as turbinas com a força de águas e gerar energia. E minha cidade só conseguiu isso em 1961.

Observe, então, o exemplo das três gerações de minha família: eu nasci em 1945 e a energia elétrica chegou na minha cidade em 1961. Esperei, portanto, 16 anos para ter esse benefício; meu pai (Bráulio Franco) nasceu em 1910, esperou 51 anos; e meu avô (Jovino Franco) nascido em 1880, um total de 81 anos de espera.

E o que aconteceu com o iPhone lançado por Steeve Jobs em 2007?

Meu pai e meu avô ja haviam falecidos. Eu comprei meu primeiro Iphone, em 2009, numa viagem que fiz aos EUA. Minha filha Nara, residente no Rio, também adquiriu o seu pouco tempo depois. E, meu segundo filho, nascido em 1994, em 2012 já tinha o seu. Observem o encurtamento da distância. Eu e minha filha esperamos 2 a 5 anos apenas e meu filho ganhou o seu na maioridade.

E como acontece nos dias atuais: pais e filhos pequenos estão utilizando iPhones para uma múltipla comunicação e uso de diversos aplicativos. E, o mais importante, houve uma democratização desse uso com linhas de financiamentos para as pessoas de todas as rendas. A minha secretária doméstica tem um Samsung; a passadeira um iPhone; meu médico um iPhone; o cabeleireiro um iPhone; o marceneiro, o porteiro, o professor, todo mundo tem um aparelho celular com acesso à internet.

As novas tecnologias nos dias atuais não se limitam ao iPhone. Este é apenas um exemplo. No campo da saúde pública, no Brasil, sobretudo depois da implantação SUS, todos os equipamentos modernos da ciência médica são usados indistintamente às pessoas. A universalização desses serviços permite que uma tomografia computadorizada possa ser aplicada a uma pessoa de baixa rede ou a uma de alta renda. Evidente que ainda ha pelo mundo à fora hospitais e clínicas privadas com alta tecnologia só para quem possa pagar pelos serviços, mas, no geral tanto os médicos quanto os pacientes procuram se atualizar no sentido de se adequarem aos procedimentos que envolvem a Inteligência Artificial e a Robótica.

Há dez anos, pelo menos na Bahia, quando se ouvia falar que médicos utilizariam a robótica para fazer cirurgias nos pacientes ninguém acreditava. Achavam que era uma ficção. Hoje, vários hospitais já fazem cirurgias com o uso da robótica sem precisar dar cortes no corpo humano. Fiz, há três anos, uma cirurgia no coração para colocar 2 stents na circunflexa, num local complicado, e esse tipo de operação só era feito com a abertura do tórax. Pois, no meu caso (certamente, também em outros) os médicos decidiram fazer pelo veia do braço, nem precisou usar a femural. Meu tempo de duração pós-cirúrgico no hospital durou menos de uma semana, o que numa cirurgia com a abertura do tórax o tempo seria muito maior e os riscos, idem.

Hoje, quase todos os médicos se utilizam dos sistemas de imagens computadorizadas para sustentar com segurança seus diagnósticos sobre uma determinada patologia de um paciente. Algumas clínicas e todos os hospitais têm acoplados esses labs. Os médicos de consultórios utilizam os labs das empresas privadas espalhadas em quase todas as cidade de médio porte do Brasil.

Gosto de dar meus exemplos porque sou velho - tenho muita história para contar - e vivia numa cidade do interior da Bahia até minha adolescência, sem energia. Então, quando fui ao meu primeiro dentista levado por meu pai, isso nos anos 1950, o doutor se chamava Palma, ele obturou meu dente pedalando uma polia que acionava o aparelho. Era uma arte no sentido de fazer o procedimento odontológico e manter o equilíbrio no pedal num garoto com dor de dente, gritando e se mexendo pra lá e pra cá na cadeira.

Na atualidade, uma cadeira de consultório dentário só falta falar: mexe em todo espaço, acomoda o corpo do paciente como quer, e os obturadores são silenciosos e emitem substâncias para evitar a dor.

O importante salientar nesse contexto que é objeto de nosso trabalho, uma análise da harmonização entre as novas e as velhas tecnologias, neste livro que estamos escrevendo por capítulos e tem o título de "A Cadeira e o Algoritmo" que os avanços tecnológicos estão se democratizando numa velocidade muito grande e não são seletivos. Hoje, quem vai a uma loja ou a um supermercado, pode verificar isso na prática.

Você pode pesar suas frutas e verduras numa balança computadorizada e quando chegar ao caixa do supermercado a atendente apenas fará o registro da compra. E, em alguns países, o cliente paga suas compras no próprio carrinho do supermercado usando seu cartão de crédito, sem passar pelos caixas da loja. Em Salvador, algumas lojas de shoppings já usam esse sistema para compras de produtos diversos.

Onde vamos parar? Essa tem sido a pergunta que sempre faço. Mas, para ela não há uma resposta. Com a Covid os cartões de crédito e débito passaram a ser por aproximação e uma startup brasileira já testa seu carro voador. Na guerra da Ucrânia, os drones substituíram os helicópteros e até agentes de espionagem tradicionais. Nas grandes cidades, as patinetes elétricas ocupam lugares de bikes e o dinheiro, o papel moeda, quem diria, já está sendo rejeitado não só no metrô de Paris, que ainda usa pneus de borracha (olha as velhas tecnologias se mantendo vivas), mas em vários outros locais.

www.ingramcontent.com/pod-product-compliance
Lightning Source LLC
Chambersburg PA
CBHW071404210526
45465CB00001B/238